"十四五"职业教育国家规划教材

教材+教案+授课资源+考试系统+题库+教学辅助案例
一站式IT系列就业应用教程

Photoshop

图像处理案例教程

黑马程序员 / 编著

中国铁道出版社有限公司
CHINA RAILWAY PUBLISHING HOUSE CO., LTD.

内 容 简 介

Photoshop 是由 Adobe 公司开发的一款图形图像处理软件,它具有强大的图像处理功能,是平面设计人员和图像处理爱好者必须掌握的基本图像设计软件。

本书共分 9 章,结合 Photoshop 的基本工具和基础操作,提供了 23 个精选案例,以及 1 个项目实战案例。本书具有 5 个突出特点:版本通用,适用于 Photoshop CS6 及 Photoshop CC 系列版本;采用了理论联系实际的案例驱动式教学方法,以每节一个案例的形式,按节细化知识点,用案例带动知识点的学习,将抽象的知识形象地传授给读者;知识点的讲解细而全,循序渐进地介绍了 Photoshop 的基础工具;案例涉及面广,涉及海报、图标、网页等多个方面,兼顾实用性和趣味性;商业实用性强,为读者日后的工作奠定理论和实践基础。

本书附有配套视频、素材、习题、教学课件等资源,而且为了帮助初学者更好地学习本书的内容,还提供了在线答疑,希望得到更多读者的关注。

本书适合作为高等院校本、专科相关专业的平面设计课程的教材,也可作为 Photoshop 的培训用书,还可作为网页制作、广告宣传多媒体制作、三维动画辅助制作等行业人员的参考用书。

图书在版编目(CIP)数据

Photoshop 图像处理案例教程/黑马程序员编著. —北京:
中国铁道出版社有限公司,2020.4(2024.7 重印)
国家软件与集成电路公共服务平台信息技术紧缺人才培养
工程指定教材
ISBN 978-7-113-26645-5

Ⅰ. ①P… Ⅱ. ①黑… Ⅲ. ①图象处理软件-高等学校-教材
Ⅳ. ①TP391.413

中国版本图书馆 CIP 数据核字(2020)第 024050 号

书　　名:**Photoshop 图像处理案例教程**
作　　者:黑马程序员

策　　划:翟玉峰		编辑部电话:(010)51873135
责任编辑:翟玉峰　冯彩茹		
封面设计:王　哲		
封面制作:刘　颖		
责任校对:张玉华		
责任印制:樊启鹏		

出版发行:中国铁道出版社有限公司(100054,北京市西城区右安门西街 8 号)
网　　址:https://www.tdpress.com/51eds/
印　　刷:北京市泰锐印刷有限责任公司
版　　次:2020 年 4 月第 1 版　2024 年 7 月第 5 次印刷
开　　本:787 mm×1 092 mm　1/16　印张:21　字数:450 千
书　　号:ISBN 978-7-113-26645-5
定　　价:69.80 元

FOREWORD 序

本书的创作公司——江苏传智播客教育科技股份有限公司(简称"传智教育")作为我国第一个实现 A 股 IPO 上市的教育企业,是一家培养高精尖数字化专业人才的公司,主要培养人工智能、大数据、智能制造、软件开发、区块链、数据分析、网络营销、新媒体等领域的人才。传智教育自成立以来贯彻国家科技发展战略,讲授的内容涵盖了各种前沿技术,已向我国高科技企业输送数十万名技术人员,为企业数字化转型、升级提供了强有力的人才支撑。

传智教育的教师团队由一批来自互联网企业或研究机构,且拥有 10 年以上开发经验的 IT 从业人员组成,他们负责研究、开发教学模式和课程内容。传智教育具有完善的课程研发体系,一直走在整个行业的前列,在行业内树立了良好的口碑。传智教育在教育领域有两个子品牌:黑马程序员和院校邦。

一、黑马程序员——高端 IT 教育品牌

黑马程序员致力于培养高精尖数字人才,自成立以来,教学研发团队一直致力于打造精品课程资源,不断在产、学、研三个层面创新自己的执教理念与教学理念,并集中黑马程序员的优势力量,有针对性地出版了计算机系列教材百余种,制作教学视频数百套,发表各类技术文章数千篇。

黑马程序员的学员多为大学毕业后想从事 IT 行业,但各方面的条件还达不到岗位要求的年轻人。黑马程序员的学员筛选制度非常严格,包括了严格的品德测试、技术测试、自学能力测试、性格测试、压力测试等。严格的筛选制度确保了学员质量,可在一定程度上降低企业的用人风险。

二、院校邦——院校服务品牌

院校邦以"协万千院校育人、助天下英才圆梦"为核心理念,立足于中国职业教育改革和应用型人才培养,为高校提供健全的校企合作解决方案,通过原创教材、高校教辅平台、师资培训、院校公开课、实习实训、协同育人、专业共建、"传智杯"大赛等,形成了系统的与高校合作模式。院校邦旨在帮助高校深化教学改革,实现高校人才培养与企业发展的合作共赢。

1. 为学生提供的配套服务

（1）登录"传智高校学习平台"，可免费获取海量学习资源。该平台可以帮助同学们解决各类学习问题。

（2）针对学习过程中存在的压力过大等问题，院校邦为同学们量身打造了 IT 学习小助手——邦小苑，可为同学们提供教材配套学习资源。同学们可关注"邦小苑"微信公众号。

2. 为教师提供的配套服务

（1）院校邦为其所有教材精心设计了"教案＋授课资源＋考试系统＋题库＋教学辅助案例"的系列教学资源。教师可登录"传智高校教辅平台"免费使用。

（2）针对教学过程中存在的授课压力过大等问题，教师可添加"码大牛"QQ（2770814393），或者添加"码大牛"微信（18910502673），获取最新的教学辅助资源。

黑马程序员

党的二十大报告指出："青年强，则国家强。当代中国青年生逢其时，施展才干的舞台无比广阔，实现前景的梦想无比光明"。国家为当代青年的发展提供了广阔的空间和助力。如何培养当代青年，已成为各大院校殊为关心的问题。在人才培养过程中，尤其是工科类、艺术类人才的培养，大多侧重技术灌输，缺少思想道德建设。面对每天不绝于眼耳的各类媒体输出。在提高当代青年技术能力的同时，加强思想政治教育，树立良好的文化价值观已成为亟待解决的问题。针对上述问题，本书设立两条学习线路——技能学习线路和思政学习线路。

（1）技能学习线路：掌握 Photoshop CC 2019 的操作

Photoshop 因其强大的图像处理功能，已经成为非常流行的图像处理软件之一，备受设计者的青睐。虽然 Adobe 旗下媒体、图像处理软件众多，但 Photoshop 依旧是 Adobe 的主流产品，不论对于设计人员还是图像处理爱好者来说，Photoshop 都是不可或缺的工具，具有广阔的发展空间。

本书在《Photoshop CS6 图像处理案例教程》的基础上，做了三大改善。

首先，整合了冗余的知识点、优化了全书的知识架构、提升了案例的质量；

其次，增加了时间轴、动作、3D 等工具类知识以及 Photoshop 在平面、UI 设计等领域的实用性知识；

最后，增加了本书的通用性，适用于 Photoshop CC 系列和 Photoshop CS 系列各版本。

（2）思政学习线路：立德树人，树立良好的文化价值观

本书将思政教育内容的勇于坚持、坚韧不拔、版权意识、创新、探索、工匠精神、与时俱进、知行合一等通过国内典型事迹以故事形式呈现在每一章中，增加了知识的趣味性，提高学生的学习兴趣。在学习过程中，也能引导学生树立正确的文化价值观，塑造一批有思想、有能力的当代青年。

为什么要学习本书

本书摒弃了传统 Photoshop 书籍讲菜单、讲工具的教学方式，采用了理论联系实际的"案例驱动"方式，通过案例教学，将基础知识点、工具的操作技巧融入每一个案例中，使读者在实现案例效果的同时，掌握 Photoshop 基础工具的操作，真正做到寓学于乐。

为确保通俗易懂，在编写的过程中，有 600 多名初学者参与到本书试读中，对初学者反馈上来的难懂地方作了一一修改。因此，本书非常实用。

如何使用本书

本书共分 9 章,结合 Photoshop CS6 的基本工具和基础操作,提供了 23 个案例,以及 1 个项目实战案例,具体介绍如下:

第 1 章:介绍了图像处理基础知识、Photoshop CS6 及 Photoshop CC 系列版本的新增功能、Photoshop CS6 的工作界面及其基本操作等知识。

第 2 章:介绍了图层与选区工具的基本操作,主要包括图层与选区的概念、常用的选区工具、变形操作等。

第 3 章:介绍了形状工具、钢笔工具等矢量工具及文字工具的基本操作。

第 4 章:介绍了图层样式与滤镜的使用方法。

第 5 章:介绍了图像绘制、修饰与通道的应用,主要包括画笔工具、色相/饱和度、曲线、通道等。

第 6 章:介绍了图层混合模式与蒙版的使用方法。

第 7 章:介绍了时间轴、动作和 3D 的相关知识。

第 8 章:介绍了平面设计及 UI 设计中 DM、图标、网页等相关知识。

第 9 章:为综合实例,结合前面学习的知识,带领读者设计一个真实的项目实战。

其中,第 2~8 章以每节一个案例的形式来呈现,按节细化知识点,用案例带动知识点的学习,在学习这些章节时,读者需要多上机实践,认真体会各种工具的操作技巧。第 9 章为真实项目实战,在学习时,读者需要仔细琢磨其中的设计思路、技巧和理念。

在学习过程中,读者一定要亲自实践书中的案例。如果不能完全理解书中所讲的知识,可以登录博学谷平台,通过平台中的教学视频进行深入学习。学习完一个知识点后,要及时在博学谷平台上进行测试,以巩固学习内容。如果在实践的过程中遇到一些难以实现的效果,也可以参阅相应的案例源文件,查看图层文件并仔细学习教材的相关步骤。

本书配有课程视频、教学 PPT、教学设计、教学大纲等配套资源,可从:https://tch. ityxb. com/textbook/detail/2c948519708949160170a524c5590f0d 查看。

致谢

本书的编写和整理工作由传智播客教育科技有限公司高教产品研发部完成,主要参与人员有王哲、乔婷婷、李凤辉、孟方思等,全体人员在近一年的编写过程中付出了很多辛勤的汗水,在此一并表示衷心的感谢。

意见反馈

尽管我们尽了最大的努力,但书中仍难免会有不妥之处,欢迎各界专家和读者朋友来信来函给予宝贵意见,我们将不胜感激。您在阅读本书时,如发现任何问题或有不认同之处可以通过电子邮件与我们取得联系。

请发送电子邮件至:itcast_book@ vip. sina. com

黑马程序员

2023 年 2 月

CONTENTS 目 录

第1章 概述 …………………… 1

1.1 计算机世界的数字图像 ……… 1
　　1.1.1 位图与矢量图 ………… 1
　　1.1.2 常用的图像格式 ……… 2
　　1.1.3 像素 …………………… 4
　　1.1.4 分辨率 ………………… 4
1.2 图像的色彩 …………………… 5
　　1.2.1 三原色 ………………… 5
　　1.2.2 色彩属性 ……………… 6
　　1.2.3 色彩模式 ……………… 7
1.3 图像处理软件——Photoshop … 8
　　1.3.1 Photoshop 的应用
　　　　　领域 ………………… 8
　　1.3.2 Photoshop 版本简介 … 11
　　1.3.3 Photoshop CS6 工作
　　　　　界面 ………………… 19
　　1.3.4 Photoshop CS6 的基础
　　　　　操作 ………………… 25

动手实践 …………………… 32

第2章 图层与选区工具 …… 33

2.1 【案例1】超级电视 ………… 33
　　实现步骤 …………………… 33
　　知识点讲解 ………………… 38
　　1. 图层的概念和分类 ……… 38
　　2. 图层的基本操作 ………… 39
　　3. 图层的合并 ……………… 41
　　4. 图层的不透明度 ………… 43
　　5. 移动工具 ………………… 44

　　6. 矩形选框工具的基本操作 … 44
　　7. 矩形选框工具选项栏 …… 45
　　8. 图层的对齐和分布 ……… 45
　　9. 前景色和背景色 ………… 46
　　10. 油漆桶工具 …………… 47
　　11. 自由变换的基本操作 …… 47
　　12. 自由变换选项栏 ……… 48

2.2 【案例2】企鹅形象 ………… 49
　　实现步骤 …………………… 49
　　知识点讲解 ………………… 53
　　1. 椭圆选框工具的基本操作 … 53
　　2. 椭圆选框工具的选项栏 … 54
　　3. 图层的锁定 ……………… 55
　　4. 图层的复制 ……………… 56
　　5. 垂直翻转与水平翻转 …… 57
　　6. 撤销操作 ………………… 58

2.3 【案例3】制作套环效果 …… 59
　　实现步骤 …………………… 60
　　知识点讲解 ………………… 64
　　1. 智能对象 ………………… 64
　　2. 变换选区 ………………… 65
　　3. 图层的重命名 …………… 65
　　4. 修改选区 ………………… 65
　　5. 选区的布尔运算 ………… 68

2.4 【案例4】沙漠绿洲 ………… 70
　　实现步骤 …………………… 70
　　知识点讲解 ………………… 76
　　1. 魔棒工具 ………………… 76
　　2. 套索工具 ………………… 77

3. 多边形套索工具 ……… 77
4. 抓手工具 ……… 78
5. 缩放工具 ……… 78
6. 全选与反选 ……… 79
7. 变形操作 ……… 80
8. 橡皮擦工具 ……… 81
9. 裁剪工具 ……… 82

动手实践 ……… 83

第3章 矢量工具与文字工具 …… 84

3.1 【案例5】女鞋 Banner …… 84
实现步骤 ……… 85
知识点讲解 ……… 88
1. 钢笔工具 ……… 88
2. 路径和锚点 ……… 89
3. 调整路径 ……… 90
4. 添加和删除锚点 ……… 90
5. 转换点工具 ……… 91
6. 吸管工具 ……… 92
7. 输入点文本和段落文本 … 92
8. 文字工具选项栏 ……… 93
9. 设置文字属性 ……… 94
10. 编辑段落文字 ……… 96
11. 标尺 ……… 97
12. 参考线 ……… 97

3.2 【案例6】商业标签 ……… 98
实现步骤 ……… 98
知识点讲解 ……… 102
1. 椭圆工具的基本操作 ……… 102
2. "椭圆工具"选项栏 ……… 103
3. 直线工具 ……… 104
4. 圆角矩形工具 ……… 105
5. 矩形工具 ……… 105
6. 多边形工具 ……… 105
7. 形状的布尔运算 ……… 106

3.3 【案例7】心语心愿邮戳 …… 108

实现步骤 ……… 108
知识点讲解 ……… 110
1. 自定形状工具 ……… 110
2. 创建路径文字 ……… 110
3. 栅格化文字图层 ……… 112
4. 变形文字 ……… 112

动手实践 ……… 114

第4章 图层样式与滤镜 ……… 115

4.1 【案例8】质感图形图标 …… 115
实现步骤 ……… 116
知识点讲解 ……… 124
1. 添加图层样式 ……… 124
2. 图层样式的种类 ……… 126
3. 编辑图层样式 ……… 132
4. 图层样式的混合选项 ……… 134

4.2 【案例9】科技感文字 ……… 135
实现步骤 ……… 136
知识点讲解 ……… 141
1. 滤镜库 ……… 141
2. 液化 ……… 144
3. 智能滤镜 ……… 144
4. 模糊滤镜 ……… 146
5. 风格化 ……… 149
6. 渲染 ……… 150

4.3 【案例10】时光隧道 ……… 151
实现步骤 ……… 152
知识点讲解 ……… 156
"扭曲"滤镜 ……… 156

动手实践 ……… 158

第5章 图像绘制、修饰和通道 … 160

5.1 【案例11】跑车桌面 ……… 160
实现步骤 ……… 161
知识点讲解 ……… 168

1. 画笔工具 ……………… 168
2. "画笔"面板 …………… 169
3. "画笔预设"面板 ……… 171
4. 铅笔工具 ……………… 171
5. 定义图案 ……………… 172
6. 减淡工具 ……………… 172
7. 加深工具 ……………… 173
8. 渐变工具 ……………… 173
9. 渐变编辑器 …………… 175

5.2 【案例 12】汽车变色 …… 177
　　实现步骤 ………………… 177
　　知识点讲解 ……………… 179
1. 色相/饱和度 ………… 179
2. 色彩平衡 ……………… 181
3. 去色 …………………… 181
4. 反相 …………………… 182
5. 污点修复画笔工具 …… 182
6. 修复画笔工具 ………… 183

5.3 【案例 13】魔幻海报 …… 184
　　实现步骤 ………………… 185
　　知识点讲解 ……………… 193
1. 亮度/对比度 ………… 193
2. 曝光度 ………………… 194
3. 色阶 …………………… 195
4. 曲线 …………………… 197
5. 通道调色 ……………… 198
6. 红眼工具 ……………… 201
7. 仿制图章工具 ………… 201

5.4 【案例 14】抠取云彩 …… 202
　　实现步骤 ………………… 202
　　知识点讲解 ……………… 205
1. "通道"面板 ………… 205
2. 通道的基本操作 ……… 206
3. Alpha 通道 …………… 207
4. 内容感知移动工具 …… 208
5. 修补工具 ……………… 209

6. 图案图章工具 ………… 209

动手实践 …………………… 211

第 6 章　图层混合模式与蒙版 …… **212**

6.1 【案例 15】为砧板添加
　　　 LOGO ………………… 212
　　实现步骤 ………………… 212
　　知识点讲解 ……………… 214
1. 认识图层混合模式 …… 214
2. 正片叠底 ……………… 215

6.2 【案例 16】闪电效果 …… 216
　　实现步骤 ………………… 216
　　知识点讲解 ……………… 218
1. 叠加 …………………… 218
2. 滤色 …………………… 219
3. 其他图层混合模式 …… 219

6.3 【案例 17】播放器图标 … 223
　　实现步骤 ………………… 223
　　知识点讲解 ……………… 233
1. 认识蒙版 ……………… 233
2. 图层蒙版 ……………… 233
3. 剪贴蒙版 ……………… 235

动手实践 …………………… 236

第 7 章　时间轴、动作和 3D ……… **237**

7.1 【案例 18】制作 gif 动态图 … 237
　　实现步骤 ………………… 238
　　知识点讲解 ……………… 241
1. 什么是帧 ……………… 241
2. 帧模式时间轴面板 …… 242

7.2 【案例 19】批量添加水印 … 244
　　实现步骤 ………………… 245
　　知识点讲解 ……………… 249
1. 动作面板 ……………… 249
2. 命令的编辑 …………… 251

3. 指定回放速度 ············· 252

4. 批处理 ············· 253

7.3 【案例 20】制作 3D 立体
海报 ············· 256

实现步骤 ············· 256

知识点讲解 ············· 261

1. 创建 3D ············· 261

2. 3D 工作界面 ············· 264

3. 设置表面样式 ············· 268

动手实践 ············· 269

第 8 章   第 8 章   设计实操 ········ 270

8.1 【案例 21】护肤品 DM 设计 ··· 270

实现步骤 ············· 270

知识点讲解 ············· 280

1. 认识 DM ············· 280

2. DM 的构成要素 ············· 281

3. DM 制作规范 ············· 282

8.2 【案例 22】eNote 图标设计 ··· 283

实现步骤 ············· 283

知识点讲解 ············· 288

1. 认识图标 ············· 288

2. 图标设计原则 ············· 290

3. 图标设计流程 ············· 292

4. 图标的尺寸 ············· 294

8.3 【案例 23】儿童摄影网站
首页 ············· 296

实现步骤 ············· 298

知识点讲解 ············· 308

1. 认识网页 UI ············· 308

2. 网页结构 ············· 309

3. 网页分类 ············· 309

4. 网页设计基本原则 ············· 314

动手实践 ············· 317

第 9 章   项目实战——韩 × 店铺
首页创意设计大赛 ········ 318

9.1 大赛公告 ············· 318

9.2 策划 ············· 319

9.3 设计 ············· 322

9.3.1 模块一：制作店招
和导航 ············· 322

9.3.2 模块二：制作全屏
海报 ············· 323

9.3.3 模块三：制作商品
模块——抢购宝典 ··· 323

9.3.4 模块四：制作商品
模块——镇店之宝 ··· 323

9.3.5 模块五：制作商品
模块——明星代言 ··· 323

9.3.6 模块六：制作商品
模块——商品展示 ··· 323

9.3.7 模块七：制作店铺
页尾 ············· 323

第1章 概　述

学习目标

◆ 了解位图、矢量图的基础知识以及常用的图像格式。

◆ 了解像素和分辨率的概念。

◆ 了解三原色、色彩属性、色彩模式等基础知识。

◆ 掌握 Photoshop CS6 的工作界面及基本操作。

Photoshop 是 Adobe 公司旗下最为出名的图像处理软件之一，它提供了灵活便捷的图像制作工具、强大的像素编辑功能，被广泛运用于数码照片后期处理、平面设计、网页设计以及 UI 设计等领域。本章将带领读者了解计算机世界的数字图像、图像的色彩、图像的制作软件 Photoshop 等知识，为全书的学习奠定一定的基础。

1.1　计算机世界的数字图像

在使用 Photoshop 进行图像绘制与处理之前，首先需要了解一些与图像处理相关的知识，以便快速、准确地处理图像。本节将针对位图与矢量图、常用的图像格式、像素、分辨率等图像处理基础知识进行详细讲解。

1.1.1　位图与矢量图

计算机图形主要分为两类：一类是位图图像，另一类是矢量图形。Photoshop 是典型的位图软件，但也包含一些矢量功能。

1. 位图

位图也称点阵图（Bitmap Images），它是由许多点组成的，这些点称为像素（将在 1.1.3 节介绍像素，此处不做赘述）。当许多不同颜色的点组合在一起后，便构成了一幅完整的图像。

位图的优点是可以记录每一个点的数据信息，从而精确地制作色彩和色调变化丰富的图像,以及逼真地表现自然界的各类实物。位图也有其缺点:第一,由于位图表现的色彩比较丰富,所以占用的空间会很大,简而言之,颜色信息越多,图像越清晰,占用磁盘空间越大;其次,由于位图是由一个一个像素点组成的,当放大图像时,像素点也放大了,又因为每个像素点表示的颜色是单一的,所以在位图放大到一定程度后,图像就会失真,边缘会出现锯齿,如图 1 – 1 所示。

原图   局部放大

图 1 – 1　位图原图与放大图对比

2. 矢量图

矢量图也称向量式图形,它使用数学的矢量方式来记录图像内容,以线条和色块为主。矢量图像最大的优点是无论放大、缩小或旋转都不会失真;缺点是无法像位图那样表现丰富的颜色变化和细腻的色彩过渡。以图 1 – 2 为例,将其放大至 600% 后,局部效果如图 1 – 3 所示,可以看到,放大后的矢量图像依然光滑、清晰。

图 1 – 2　矢量图原图   图 1 – 3　矢量图局部放大图

1.1.2　常用的图像格式

在 Photoshop 中,文件的保存格式有很多种,不同的图像格式有各自的优缺点。Photoshop 支持 20 多种图像格式,下面针对其中常用的几种图像格式进行具体讲解。

1. PSD 格式

PSD 格式是 Photoshop 工具的默认格式,也是唯一支持所有图像模式的文件格式。它可以保存图像中的图层、通道、辅助线和路径等信息。

2. BMP 格式

BMP 格式是 DOS 和 Windows 平台上常用的一种图像格式。BMP 格式支持 1 ~ 24 位颜色深度,可用的颜色模式有 RGB、索引颜色、灰度和位图等,但不能保存 Alpha 通道。BMP 格式的特点是包含的图像信息比较丰富,几乎不对图像进行压缩,但其占用磁盘空间较大。

3. JPEG 格式

JPEG 格式是一种有损压缩的网页格式,不支持 Alpha 通道,也不支持透明。最大的特点是文件比较小,可以进行高倍率的压缩,因而在注重文件大小的领域应用广泛。例如,网页制作过程中的图像如横幅广告(Banner)、商品图片、较大的插图等都可以保存为 JPEG 格式。

4. GIF 格式

GIF 格式是一种通用的图像格式。它不仅是一种无损压缩格式,而且支持透明和动画。另外,GIF 格式保存的文件不会占用太多的磁盘空间,非常适合网络传输,是网页中常用的图像格式。

5. PNG 格式

PNG 格式是一种无损压缩的网页格式。它结合 GIF 和 JPEG 格式的优点,不仅无损压缩,体积更小,而且支持透明和 Alpha 通道。由于 PNG 格式不完全适用于所有浏览器,所以在网页中,与 GIF 和 JPEG 格式相比使用较少。但随着网络的发展和因特网传输速度的改善,PNG 格式将是未来网页中使用的一种标准图像格式。

6. AI 格式

AI 格式是 Adobe Illustrator 软件所特有的矢量图形存储格式。在 Photoshop 中可以将图像保存为 AI 格式,并且能够在 Illustrator 和 CorelDraw 等矢量图形软件中直接打开并进行修改和编辑。

7. TIFF 格式

TIFF 格式用于在不同的应用程序和不同的计算机平台之间交换文件。它是一种通用的位图文件格式,几乎所有的绘画、图像编辑和页面版式应用程序均支持该文件格式。

TIFF 格式能够保存通道、图层和路径信息,由此看来它与 PSD 格式并没有太大区别。但实际上,如果在其他程序中打开 TIFF 格式所保存的图像,则图像的所有图层将被合并,只有用 Photoshop 打开已保存图层的 TIFF 文件,才可以对其中的图层进行编辑和修改。

1.1.3　像素

像素(Pixel)的全称为图像元素,缩写为 px,是用来计算数码影像的一种单位,如同摄影的照片一样,数码影像也具有连续性的浓淡阶调,若把影像放大数倍,会发现这些连续色调其实是由许多色彩相近的小方点组成的,这些小方点就是构成影像的最小单位,即像素,如图 1 - 4 所示。

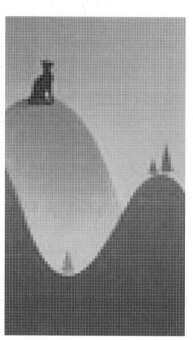

图 1 - 4　像素

1.1.4　分辨率

分辨率可分为显示分辨率与图像分辨率两类,具体解释如下。

1. 显示分辨率

显示分辨率是屏幕图像的精密度,是指显示屏所能显示的像素有多少。由于屏幕上的点、线和面都是由像素组成的,显示屏可显示的像素越多,画面就越精细,同样的屏幕区域内能显示的信息也越多,所以分辨率是非常重要的性能指标之一。

例如 iPhone 7 的屏幕分辨率为 750 × 1334 像素,就是说 iPhone 7 的屏幕是由 750 列和 1 334 行的像素点排列组成的。在相同屏幕尺寸中,如果像素点很小,画面就会清晰,称为高分辨率;如果像素点很大,画面就会粗糙,称为低分辨率。图 1 - 5 所示为 iPhone 4 和 iPhone 3GS 的分辨率对比图。

2. 图像分辨率

图像分辨率是指每英寸图像内有多少个像素点,通常被用在 Photoshop 中。图像分辨率越高,图像越清晰。但是分辨率过高会导致图像文件过大,因此,在设置分辨率时,需要考虑图像的用途。在 Photoshop 中,默认的分辨率是 72 像素/英寸。通常情况下,网页上图像的分辨率使用默认分辨率即可;彩色印刷图像的分辨率为 300 像素/英寸。

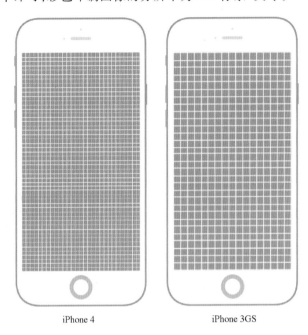

iPhone 4　　　　　　　　　　iPhone 3GS

图 1 - 5　分辨率对比

1.2　图像的色彩

在使用 Photoshop CS6 进行图像绘制与处理时,不可避免地需要接触色彩。人对色彩是敏感的,当设计一幅图像时,最先吸引注意力的就是该图像的色彩。因此了解色彩是非常重要的。本节将带领读者了解三原色、色彩属性、色彩模式等知识。

1.2.1　三原色

三原色指色彩中不能再分解的三种基本颜色,我们通常说的三原色,即洋红、黄、青(是青不是蓝,蓝是品红和青混合的颜色),但在 Photoshop 中,通常将三原色分为"色光三原色(RGB)"和"印刷三原色(CMYK)"两类,具体介绍如下。

1. 色光三原色

色光三原色是指红色(Red)、绿色(Green)和蓝色(Blue),也就是 RGB,这三种颜色经过不同比例的混合几乎可以表现出自然界中所有的颜色。因此计算机、屏幕中的颜色都用 RGB 这三个颜色的数值大小来表示。每种颜色用 8 位来记录,可以有 256(0 ~ 255)种亮度的变化,图 1 - 6 所示即为色光三原色,由于光线是越加越亮,因此将这三种颜色两两混合后可得到更亮的中间色。

2. 印刷三原色

由色光三原色衍生的更亮的中间色即为印刷三原色,即黄色(Yellow)、青色(Cyan)和洋红色(Magenta),但这三种颜色的混合不能混合出真正的黑色,因此在彩色印刷中,除了使用的三原色外还要增加一版黑色,才能得出深重的颜色。图1-7所示即为印刷三原色。

图1-6　色光三原色

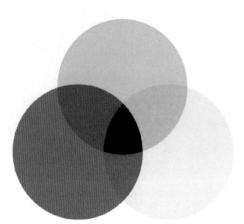

图1-7　印刷三原色

1.2.2　色彩属性

色彩三属性指的是色相、饱和度、明度,任何一种颜色都具备这三种属性。

1. 色相

色相是色彩的首要特征,是区别各种不同色彩的最准确的标准。在不同波长的光的照射下,人眼会感觉到不同的颜色,如图1-8所示的蓝色、红色等,人们把这些色彩的外在表现特征称为色相。

2. 饱和度

饱和度也称"纯度",是指色彩的鲜艳度。饱和度越高,颜色越纯,色彩也越鲜明。一旦与其他颜色进行混合,颜色的饱和度就会下降,色彩就会变暗、变淡。当颜色饱和度降到最低时就会失去色相,变为无彩色(黑、白、灰),如图1-9所示。

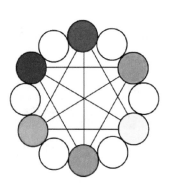

图1-8　色相

3. 明度

明度指的是色彩光亮的程度,所有颜色都有不同程度的光亮。图1-10所示最左侧的红色明度高,最右侧的红色明度低。在无色彩中,明度最高的为白色,中间是灰色,最暗为黑色。需要注意的是,色彩明度的变化往往会影响到纯度,例如红色加入白色后,明度提高了,纯度却会降低。

图 1 - 9　饱和度

图 1 - 10　明度

1.2.3　色彩模式

图像的色彩模式决定了显示和打印图像颜色的方式,常用的色彩模式有 RGB 模式、CMYK 模式、灰度模式、位图模式、索引模式等。

1. RGB 模式

RGB 颜色被称为真彩色,是 Photoshop 中默认使用的颜色,也是最常用的一种颜色模式。RGB 模式的图像由三个颜色通道组成,分别为红色通道(Red)、绿色通道(Green)和蓝色通道(Blue)。其中,每个通道均使用 8 位颜色信息,每种颜色的取值范围是 0 ~ 255,这三个通道组合后可以产生 1 670 万余种不同的颜色。

另外,在 RGB 模式中,用户可以使用 Photoshop 中所有的命令和滤镜,而且 RGB 模式的图像文件比 CMYK 模式的图像文件要小得多,可以节省存储空间。不管是扫描输入的图像,还是绘制图像,一般都采用 RGB 模式进行存储。

2. CMYK 模式

CMYK 模式是一种印刷模式,由分色印刷的四种颜色组成。CMYK 四个字母分别代表青色(Cyan)、洋红色(Magenta)、黄色(Yellow)和黑色(Black),每种颜色的取值范围是 0% ~ 100%。CMYK 模式本质上与 RGB 模式没有什么区别,只是产生色彩的原理不同。

在 CMYK 模式中,C、M、Y 这三种颜色混合可以产生黑色。但是,由于印刷时含有杂质,因此不能产生真正的黑色与灰色,只有与 K(黑色)油墨混合才能产生真正的黑色与灰色。在 Photoshop 中处理图像时,一般不采用 CMYK 模式,因为这种模式的图像文件不仅占用的存储空间较大,而且对很多滤镜都不支持。所以,一般在需要印刷时才将图像转换成 CMYK 模式。

3. 灰度模式

灰度模式可以表现出丰富的色调,但是也只能表现黑白图像。灰度模式图像中的像素是由 8 位分辨率来记录,能表现出 256 种色调,从而使黑白图像表现得更完美。灰度模式的图像只有明暗值,没有色相与饱和度这两种颜色信息。其中,0% 为黑色,100% 为白色,K 值是用来衡量黑色油墨用量的。使用黑白和灰度扫描仪产生的图像常以灰度模式显示。

4. 位图模式

位图模式的图像又称黑白图像,它用黑、白两种颜色值来表示图像中的像素。其中的每个像素都是用 1 bit 的位分辨率来记录色彩信息的,占用的存储空间较小,因此它要求的磁盘空间最少。位图模式只能制作出黑、白颜色对比强烈的图像。如果需要将一幅彩色图像转换成黑白颜色的图像,必须先将其转换成"灰度"模式的图像,然后再转换成黑白模式的图像,即位图模式的图像。

5. 索引模式

索引模式是网页和动画中常用的图像模式,当彩色图像转换为索引颜色的图像后会包含 256 种颜色。索引模式包含一个颜色表,如果原图像中的颜色不能用 256 色表现,则 Photoshop 会从可使用的颜色中选出最相近的颜色来模拟这些颜色,这样可以减少图像文件的尺寸。颜色表用来存放图像中的颜色并为这些颜色建立颜色索引,且可以在转换的过程中定义或在生成索引图像后修改。

1.3 图像处理软件——Photoshop

随着人们对视觉的要求和品位日益增强,Photoshop 的应用更是不断拓展,它几乎在每个领域都发挥着不可替代的作用。本节将介绍 Photoshop 的应用领域、Photoshop 的工作界面和 Photoshop 的基础操作等知识。

1.3.1 Photoshop 的应用领域

Photoshop 是目前功能最强大的图形图像处理软件之一,广泛应用于广告设计、Logo 设计、网页设计、照片处理等领域。

1. 广告设计

Photoshop 在广告设计方面的运用非常广泛,通过它不但可以制作招贴式宣传广告,如促销传单、海报(见图 1 - 11)、小贴纸等;还可以制作手册式的宣传广告,如化妆品宣传手册等(见图 1 - 12)。

2. Logo 设计

Logo 中文译为"标志",是代表特定的事物,具有象征意义的图形符号。通过 Photoshop 对 Logo 进行设计,可以快速地制作出具有公司风格的标志。图 1 - 13 所示即为百度的 Logo。

图 1-11 海报

图 1-12 化妆品宣传手册

图 1-13 百度 Logo

3. 网页设计

网页设计是企业为了传递信息(包括产品、服务、理念、文化)而进行的页面设计美化工作,在平面设计理念的基础上利用 Photoshop 对其版面进行设计。图 1-14 所示为某企业的网站首页截图。

图 1-14　网站首页截图

4. 照片处理

Photoshop 提供了图像调色命令以及图像修饰工具,在照片处理中发挥着巨大作用,通过这些工具,可以快速调整图片的效果,如人像图像的美白、磨皮,风景图像的去雾、调色等。

1.3.2 Photoshop 版本简介

Photoshop 有很多版本,市面上常用的有 Photoshop CS6、Photoshop CC 等版本,下面对两个版本的不同功能进行讲解。

1. Photoshop CS6

2012 年发布了 Photoshop CS6,该版本分为两个版本,分别是发行版和扩展版,其中最大的区别是发行版无 3D 功能,下面对 Photoshop CS6 扩展版的新增功能进行讲解。

(1)颜色主题

在 Photoshop CS6 中可以设置背景颜色,执行"编辑→首选项→界面"命令,打开"首选项"对话框,如图 1-15 所示。在对话框中选择喜欢的颜色,单击"确定"按钮,即可看到设置后的效果。

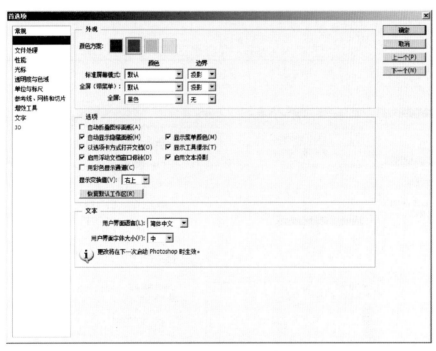

图 1-15 "首选项"对话框 1

(2)文件自动备份

文件自动备份主要表现在以下三方面:

- 后台保存,不影响前台的正常操作。执行"编辑→首选项→文件处理"命令,打开"首选项"对话框,如图 1-16 所示,即可设置自动存储的相关参数。

- 执行"编辑→首选项→性能"命令,打开"首选项"对话框,如图 1-17 所示,可以设置"暂存盘"的相关选项。

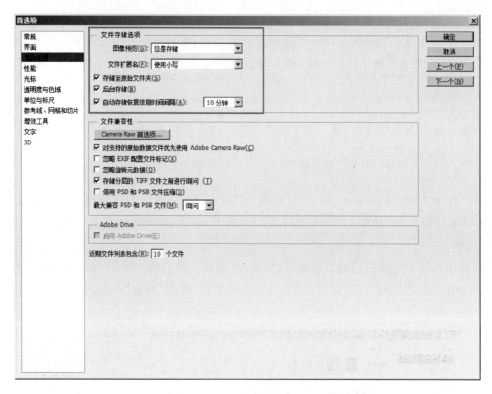

图 1 - 16 "首选项"对话框 2

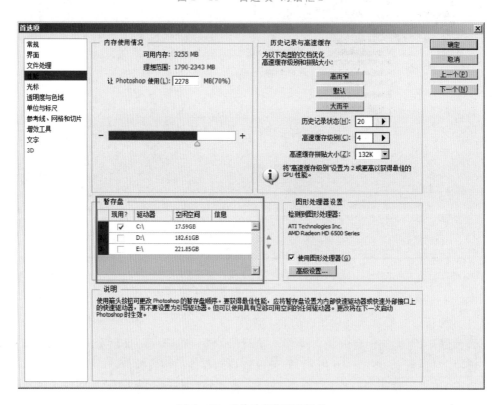

图 1 - 17 "首选项"对话框 3

- 当前文件正常关闭时将自动删除相应的备份文件;当前文件非正常关闭时备份文件将会保留,并在下一次启动 Photoshop 后自动打开。

(3)图层过滤器

在 Photoshop CS6 的"图层"面板中,新增了图层过滤器,如图 1-18 所示。当过滤器被打开时,可以根据图层类型进行显示;当文件中的图层过多时,可以打开过滤器,选择相应的选项搜索图层。

图 1-18　图层过滤器

(4)内容感知移动工具

"内容感知移动工具" 是 Photoshop CS6 中的一个新工具,它能在用户移动选中的某个物体时,智能填充物体原来的位置(将在第 5 章对该工具进行详细讲解)。

(5)裁剪工具

在 Photoshop CS6 版本中,可以保留裁剪的像素,使用"裁剪工具" 裁剪画布后,若想恢复之前的文件大小,则再次选择"裁剪工具" ,进行随意操作即可看到原文件,如图 1-19 所示。

图 1-19　保留原图像

值得注意的是,若想删除裁剪的像素,在裁剪工具选项栏中勾选"删除裁剪的像素"复选框即可。

(6)3D 功能

Photoshop CS6 版本新增了 3D 功能,但该功能只存在于扩展版中,因此需要使用 3D 功能的读者需要下载 Photoshop CS6 扩展版。3D 功能的使用将在第 7 章讲解,此处不做赘述。

2. Photoshop CC

目前市面上存在的 Photoshop CC 版本有 Photoshop CC 2013 至 Photoshop CC 2019,随着版本升级,其功能越来越全面,但核心内容与 Photoshop CS6 版本基本相同。下面对 Photoshop CC 版本中修改比较大的版本进行讲解。

(1)Photoshop CC 2013

在 Photoshop CC 2013 版本中,新增功能包括相机防抖、实时形状等,具体解释如下:

• 相机防抖。相机防抖是 Photoshop CC 2013 中新增的功能。该功能最大的用途便是可以将拍摄不清晰的照片通过后期计算方式还原为清晰的照片。

• 实时形状。Photoshop CC 2013 提供了更为强大的圆角矩形功能,用户可以在形状建立之前或之后灵活调整和编辑圆角矩形的尺寸,甚至可以在圆角矩形中编辑个别的圆角半径,如图 1 - 20 所示。

图 1 - 20   设置圆角半径

(2)Photoshop CC 2014

在 Photoshop CC 2014 版本中,强化了"智能参考线"功能,按住【Alt】键的同时拖动图层,Photoshop 会显示测量参考线,它表示原始图层和复制图层之间的距离,如图 1 - 21 所示。此功能可以与移动工具和路径选择工具结合使用。在处理图层时,选定某个图层后,按住【Ctrl】键的同时将鼠标指针悬停在另一图层上方,即可看到两个图像间的距离。该功能可与【→】、【←】、【↑】、【↓】等键结合使用,可微移所选的图层。

(3)Photoshop CC 2015

在 Photoshop CC 2015 版本中,与以前版本不同的功能主要表现在以下几方面:

• 人脸识别液化。该命令可以更容易地将人脸进行变形。执行"滤镜→液化"命令,打开"液化"对话框,选择"脸部工具" ,在对话框右侧的"属性栏"中即可看到"人脸识别液化"选项,如图 1 – 22 所示,调整参数即可。

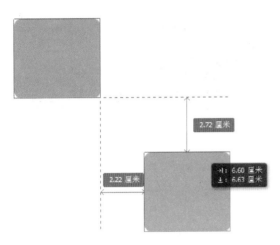

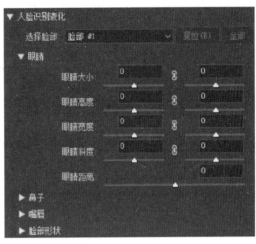

图 1 – 21　智能参考线　　　　　　　　　图 1 – 22　"人脸识别液化"选项设置

● 选择并遮住。该命令可以实现快速抠图。选择任一选区工具,执行"选择→选择并遮住"命令(或按【Ctrl + Alt + R】组合键),工作区就会改变,如图 1 – 23 所示。此时,在"图层"面板中会自动创建蒙版。在工具栏中选择"快速选择工具" ,按住鼠标左键在图像上拖动,单击"确定"按钮即可完成抠图。

图 1 – 23　工作区的改变

● 内容识别裁剪。当使用"裁剪工具"旋转或拉直图像时,或将画布的范围扩展到图像原始大小之外时,能够利用内容识别技术智能地填充空隙,识别前后效果如图 1 – 24 和图 1 – 25 所示。

图 1 - 24　图像识别前　　　　　　　　　　图 1 - 25　图像识别后

● "油画"滤镜的位置。在"滤镜"中,"油画"滤镜被移动至"风格化"滤镜中。也就是说,在该版本中若想使用"油画"滤镜,需要执行"滤镜→风格化→油画"命令,而不是执行"滤镜→油画"命令。

● "存储为 Web 所用格式"命令的位置。在该版本中,"存储为 Web 所用格式"被移至"导出"命令中。若想将图像存储为 Web 所用格式,需要执行"文件→导出→存储为 Web 所用格式(旧版)",而不是执行"文件→存储为 Web 所用格式"命令。

（4）Photoshop CC 2017

在 Photoshop CC 2017 版本中比较重要的变化是将"上次滤镜操作"命令的快捷键更改为【Ctrl + Alt + F】组合键,而之前版本中执行该命令的快捷键【Ctrl + F】被"搜索"命令取代。

（5）Photoshop CC 2018

在该版本中,"钢笔工具组"中新增了"弯度钢笔工具"  ,该工具可以方便用户更轻松的绘制平滑曲线和直线段。使用"弯度钢笔工具"时,若需要转换角点和平滑点,双击锚点即可。按住【Alt】键单击锚点同样也可以实现角点与平滑点之间的相互转换。

（6）Photoshop CC 2019

Photoshop CC 2019 是目前市面上最新的一版 Photoshop,对该版本主要的新增内容讲解如下:

● 图框工具。使用"图框工具" ⊠ 时,会自动在"图层"面板中创建蒙版。在画布中绘制矩形或椭圆形占位符图框,或将形状、文本转变为图框(选中形状/文本图层,右击,在弹出的快捷菜单中选择"转换为图框"命令)时,将图像拖放到图框中,图像会自动缩放以适应大小需求,如图 1 - 26 所示。值得一提的是,图框内的图像会作为智能对象存在,因而可以实现无损缩放。

图 1 - 26　图框图像

● 多次撤销。在 Photoshop CC 2019 以前的版本中单次撤销的快捷键是【Ctrl + Z】组合键,如果需要连续多次撤销,则需按【Ctrl + Alt + Z】组合键。在 Photoshop CC 2019 中连续按【Ctrl + Z】组合键可进行多次撤销操作。相对应的,"前进一步"和"后退一步"命令均已从"编辑"命令中移除,若想进行相关命令的操作,可以在"历史记录"面板中进行操作。

值得一提的是,若想切换到旧版中的快捷键,执行"编辑→键盘快捷键"命令,打开"键盘快捷键和菜单"对话框,如图 1 - 27 所示。在对话框中勾选"使用旧版还原快捷键"复选框,单击"确定"按钮,重启 Photoshop 即可切换旧版快捷键。

图 1 - 27　"键盘快捷键和菜单"对话框

● 实时预览的图层混合模式。在 Photoshop CC 2019 以前的版本中,若将两个图层进行混合模式操作,需要单击某个混合模式选项后才能看到外观效果,而在 Photoshop CC 2019 中,在"图层"面板中选中"图层混合模式"中的任一选项时,Photoshop 将在画布上显示混合模式的实时预览效果。

● 色轮选色。该版本新增的色轮功能,可直观地显示色谱,使用户能够更轻松地选择互补色,如图 1 - 28 所示。

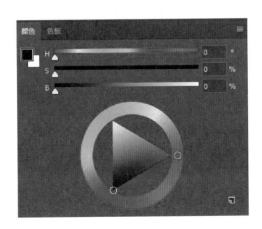

图 1 - 28　色轮

● 变形操作。在 Photoshop CC 2019 以前的版本中,按住【Shift】键才能对图像进行等比缩放,而在 Photoshop CC 2019 中,不需要按住【Shift】键即可进行等比缩放。若想更改图像的原有比例,则按住【Shift】键即可实现任意缩放。值得注意的是,形状和路径等矢量图形,在默认情况下需要按住【Shift】键才能进行等比缩放。

- 文字工具。在使用"文字工具"时,输入文本后,单击文字之外的空白区域、选择单击其他图层或单击其他工具即可完成文字的编辑,不再需要单击"提交"按钮。使用"移动工具"选择文字,双击即可进入文字编辑。
- 自动提交。在执行"自由变换""裁剪"等命令时,在不确认变换的情况下,选择其他工具时会弹出提示框,如图 1-29 和图 1-30 所示。在 Photoshop CC 2019 版本中,切换到下一个工具或其他图层、单击空白处时会自动提交变形操作。

图 1-29　确认变换提示框

图 1-30　确认裁剪提示框

- 分布间距。在"对齐与分布"功能中新增了"分布间距"功能,其中包含"水平分布"和"垂直分布"两个选项,如图 1-31 所示。这两个选项和"水平居中分布"与"垂直居中分布"不同的是,前者根据图层图像之间的间距进行分布,而后者是根据图层中图像的中线进行分布。图 1-32 和图 1-33 所示分别为水平分布和水平居中分布的效果。

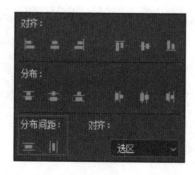

图 1-31　分部间距

图 1-32　水平分布

图 1 - 33　水平居中分布

值得注意的是,Photoshop 版本越高,需要的计算机配置越高。虽然 Photoshop 的新版本中包含了更多的功能,但在实际生活中,大多数用户都只是使用其中的基本功能进行操作。本书统一采用 CS6 版本进行演示。

1.3.3　Photoshop CS6 工作界面

启动 Photoshop CS6 后,执行"文件→打开"命令,打开一张图片,即可进入软件操作界面,如图 1 - 34 所示。

图 1 - 34　Photoshop CS6 工作界面

1. 菜单栏

菜单栏作为一款操作软件必不可少的组成部分,主要用于为大多数命令提供功能入口。

（1）菜单分类

Photoshop CS6 的菜单栏依次为"文件"菜单、"编辑"菜单、"图像"菜单、"图层"菜单、"文字"菜单、"选择"菜单、"滤镜"菜单、"3D"菜单、"视图"菜单、"窗口"菜单及"帮助"菜单,如图 1 - 35 所示。

Ps　文件(F)　编辑(E)　图像(I)　图层(L)　文字(Y)　选择(S)　滤镜(T)　3D(D)　视图(V)　窗口(W)　帮助(H)

图 1 - 35　菜单栏

其中各菜单的具体说明如下:

● "文件"菜单:包含各种操作文件的命令。

- "编辑"菜单:包含各种编辑文件的操作命令。
- "图像"菜单:包含各种改变图像的大小、颜色等的操作命令。
- "图层"菜单:包含各种调整图像中图层的操作命令。
- "文字"菜单:包含各种对文字的编辑和调整功能。
- "选择"菜单:包含各种关于选区的操作命令。
- "滤镜"菜单:包含各种添加滤镜效果的操作命令。
- "3D"菜单:用于实现3D图层效果。
- "视图"菜单:包含各种对视图进行设置的操作命令。
- "窗口"菜单:包含各种显示或隐藏控制面板的命令。
- "帮助"菜单:包含各种帮助信息。

（2）打开菜单

单击一个菜单即可打开该菜单命令,不同功能的命令之间采用分隔线隔开。其中,带有标记的命令包含子菜单,如图1-36所示。

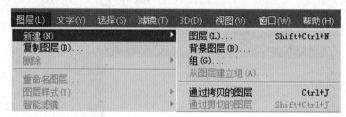

图1-36　子菜单

（3）执行菜单中的命令

选择菜单中的一个命令即可执行该命令。如果命令后面有快捷键,则按快捷键可快速执行该命令。例如,按【Ctrl+A】组合键可执行"选择→全部"命令,如图1-37所示。

有些命令只提供了字母,要通过快捷方式执行这样的命令,可按【Alt】键+主菜单的字母打开主菜单,然后再按下命令后面的字母执行该命令。例如,依次按【Alt】键、【L】键、【D】键可执行"图层→复制图层"命令,如图1-38所示。

图1-37　"选择→全部"命令　　　　　图1-38　"图层→复制图层"命令

注意:

如果菜单中的某些命令显示为灰色,表示它们在当前状态下不能使用。此外,如果一个命令的名称右侧有"…"符号,则表示执行该命令时会弹出一个对话框。

2. 工具箱

工具箱是Photoshop CS6工作界面的重要组成部分,主要包括选择工具、绘图工具、填充工具、编辑工具、快速蒙版工具等,如图1-39所示。

图1-39　工具箱

（1）移动工具箱

默认情况下,工具箱停放在窗口左侧。将鼠标指针放在工具箱顶部,按住鼠标右键不放并向右拖动,可以将工具箱放在窗口中的任意位置。

（2）显示工具快捷键

要了解每个工具的具体名称,可以将鼠标指针放置在相应工具的上方,此时会出现一个黄色的图标,上面会显示该工具的具体名称,如图1-40所示。工具名称后面括号中的字母,代表选择此工具的快捷键,在键盘上按下该字母,即可快速切换到相应的工具上。

（3）显示并选择工具

由于Photoshop CS6提供的工具比较多,因此工具栏中并不能显示所有的工具,有些工具被隐藏在相应的子菜单中。在工具箱的某些工具图标上可以看到一个小三角符号,表示该工具下还有隐藏的工具。右击该工具图标,就会弹出隐藏的工具选项,如图1-41所示。将鼠标指针移动到隐藏的工具上并单击,即可选择该工具,如图1-42所示。

1-40　显示工具栏快捷键　　图1-41　隐藏的工具选项　　图1-42　选择隐藏工具

3. 选项栏

选项栏是工具箱中各个工具的功能扩展,可以通过选项栏对工具进行进一步的设置。选择某个工具后,Photoshop CS6 工作界面的上方将出现相应的工具选项栏。例如,选择"魔棒工具"时,其选项栏如图 1-43 所示,通过其中的各个选项可以对"魔棒工具"做进一步设置。

图 1-43　选项栏

4. 控制面板

控制面板是 Photoshop CS6 处理图像时不可或缺的部分,它可以完成对图像的处理操作和相关参数的设置,如显示信息、选择颜色、图层编辑等。Photoshop CS6 界面为用户提供了多个控制面板组,分别停放在不同的面板中,如图 1-44 和图 1-45 所示。

图 1-44　"颜色"面板

图 1-45　"调整"面板

(1)选择面板

面板通常以选项卡的形式成组出现。在面板选项卡中,单击一个面板的名称,即可显示该面板。例如单击"色板"时会显示"色板"面板,如图 1-46 所示。

(2)折叠/展开面板

面板是可以自由折叠和展开的。单击面板组右上角的 ⏩,可以将面板进行折叠,折叠后的效果如图 1-47 所示。折叠后,单击相应的图标又可以展开该面板,例如单击"颜色"图标,即可展开"颜色"面板,如图 1-48 所示。

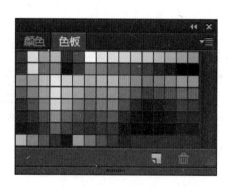

图 1-46　选择面板

图 1-47　折叠面板

图 1-48 "颜色"面板

（3）移动面板

面板在工作界面中的位置是可以移动的。将鼠标指针放在面板的名称上，单击并向外拖动到窗口的空白处，如图 1-49 所示，即可将其从面板组中分离出来，从而独立成为一个浮动面板，如图 1-50 所示。拖动浮动面板的名称，可以将它放在窗口中的任意位置。

（4）打开面板菜单

面板菜单中包含了与当前面板有关的各种命令。单击面板右上角的 ，可以打开面板菜单，如图 1-51 所示。

（5）关闭面板

在一个面板的标题栏上右击，可以显示快捷菜单，如图 1-52 所示。选择"关闭"命令，可以关闭该面板。选择"关闭选项卡组"命令，可以关闭该面板组。对于浮动面板，单击右上角的 即可将其关闭。

图 1-49 移动面板

图 1-50 浮动面板

图 1-51 面板菜单

图 1-52 面板快捷菜单

5. 图像编辑区

在 Photoshop CS6 窗口中打开一个图像，会自动创建一个图像编辑窗口。如果打开了多

个图像,则它们会停放到选项卡中,如图 1 - 53 所示。单击一个文档的名称,即可将其设置为
当前操作的窗口,如图 1 - 54 所示。另外,按【Ctrl + Tab】组合键,可以按照前后顺序切换窗
口;按【Ctrl + Shift + Tab】组合键,可以按照相反的顺序切换窗口。

图 1 - 53　打开多个图像

图 1 - 54　当前操作窗口

　　单击一个窗口的标题栏不放将其从选项卡中拖出,它便成为可以任意移动位置的浮动
窗口,如图 1 - 55 所示。拖动浮动窗口的一角,可以调整窗口的大小,如图 1 - 56 所示。另
外,将一个浮动窗口的标题栏拖动到选项卡中,当图像编辑区出现蓝色方框时释放鼠标,可

以将窗口重新停放到选项卡中。

图 1 - 55　浮动窗口

图 1 - 56　调整窗口大小

1.3.4　Photoshop CS6 的基础操作

1. 新建文件

在 Photoshop CS6 中,不仅可以编辑已有的图像,还可以创建一个空白文件,在空白文件上设计图片、绘画等。执行"文件→新建"命令(或按【Ctrl + N】组合键),打开"新建"对话框,如图 1 - 57 所示。设置完相关参数后,单击"确定"按钮即可新建空白文档。

在"新建"对话框中,需要输入文件名、设置文件尺寸以及分辨率等,具体解释如下:

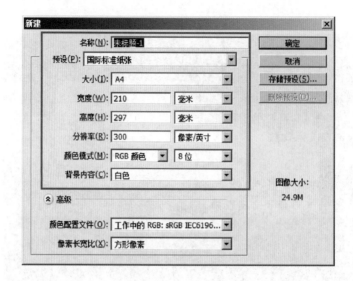

图 1 – 57　"新建"对话框

- 名称:文件的名称,创建文件后会显示在文档窗口的标题栏中,保存文件时,文件名会自动显示在存储文件的对话框内。
- 预设:提供了多种文档的预设选项,如照片、A4 打印纸、视频等,可以根据需要进行选择。
- 高度/宽度:可输入文件的宽度和高度,可以选择单位,如"像素""英寸""厘米"等。
- 分辨率:在此输入文件的分辨率,可以选择分辨率的单位,如"像素/英寸""像素/厘米"等。
- 颜色模式:用于选择文件的颜色模式,如位图、灰度、RGB 颜色、CMYK 颜色等。
- 背景内容:用于选择文件的背景内容,包括"白色""背景色""透明"。

2. 打开文件

通常情况下,经常用到的打开文件的方式有两种,如图 1 – 58 所示。

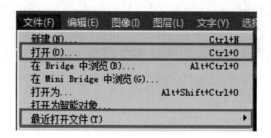

图 1 – 58　打开命令

(1)用"打开"命令打开文件

执行"文件→打开"命令(或按【Ctrl + O】组合键),打开"打开"对话框,如图 1 – 59 所示。选择一个文件,单击"打开"按钮,或双击文件将其打开(如果要选择多个文件,可以在按住【Ctrl】键的同时单击要打开的文件。)。

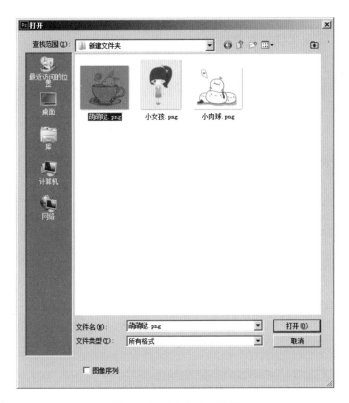

图 1-59　"打开"对话框

（2）打开最近使用过的文件

打开 Photoshop CS6，执行"文件→最近打开文件"命令，在菜单中包含了最近在 Photoshop CS6 中打开的十个文件，选择一个即可打开该文件。值得注意的是，如果需要清除该列表内容，执行"清除最近的文件列表"命令即可，如图 1-60 所示。

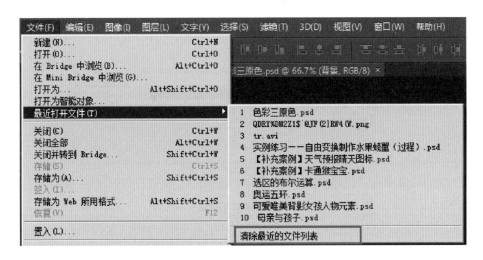

图 1-60　清除最近的文件列表

（3）通过快捷方式打开文件

通过快捷方式打开文件主要有两种方式：其一，在没有运行 Photoshop
CS6 的情况下，双击扩展名为".psd"的文件即可打开该文件；其二，将文件拖
动到 Photoshop 快捷方式图标处，当图标变为选中状态时，释放鼠标即可打开
文件，如图 1－61 所示。

图 1－61
打开文件

3. 保存文件

新建文件或者对打开的文件进行编辑之后，应及时对文件进行保存，
Photoshop CS6 提供了多个用于保存文件的命令。

（1）存储

在 Photoshop CS6 中，执行"文件→保存"命令（或按【Ctrl＋S】组合键），图像会按照原有
的格式进行存储。如果是一个新建的文件，执行该命令时，则会打开"存储为"对话框。

（2）存储为

若想将文件存储成其他格式，如 PNG、JPG 等，执行"文件→存储为"命令（或按【Ctrl＋
Shift＋S】组合键），打开"存储为"对话框，如图 1－62 所示，设置相关参数，单击"保存"按钮
即可。

图 1－62　"存储为"对话框

（3）存储为 Web 所用格式

存储为 Web 所用格式可以减小图像的大小，执行"文件→存储为 Web 所用格式"（或按【Ctrl + Shift + Alt + S】组合键），打开"存储为 Web 所用格式"对话框，如图 1 – 63 所示。优化格式包括 GIF 格式、JPEG 格式、PNG-8 格式、PNG-24 格式以及 WBMP 格式，如图 1 – 64 所示。

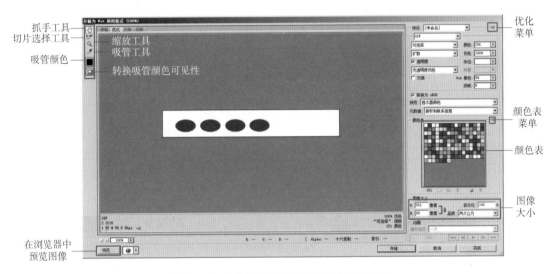

图 1 – 63 "存储为 Web 所用格式"对话框

在 Web 格式中，所用的工具包括"抓手工具""切片选择工具""吸管工具"等，方便在 Web 格式中操作图像。在"存储为 Web 所用格式"对话框中，还可以设置图像的优化参数，具体设置如下：

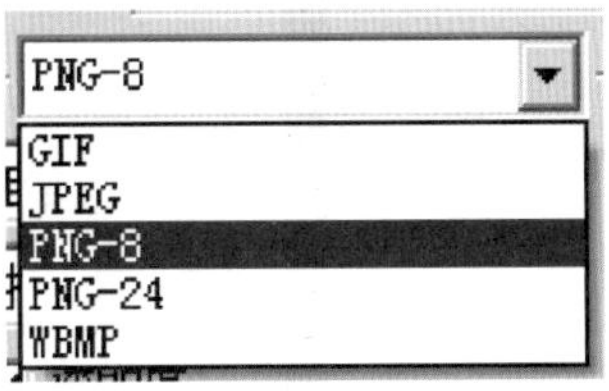

- 优化菜单：在该菜单中可以存储优化设置，设置优化文件大小。

图 1 – 64 优化格式

- 颜色表：将图像优化为 GIF、PNG-8、WBMP 格式时，可以在"颜色表"中对图像的颜色进行优化设置。
- 颜色表菜单：该菜单包含与颜色相关的一些命令，可以删除颜色、新建颜色、锁定颜色，或对颜色进行排序。
- 图像大小：将图像大小设置为指定的像素尺寸，或原稿大小的百分比。
- 在浏览器中预览优化图像：可以在 Web 浏览器中预览优化后的图像。

4. 修改图像尺寸和画布尺寸

（1）修改图像大小

使用"图像大小"命令可以调整图像的像素大小，执行"图像→图像大小"命令（或按【Ctrl + Alt + I】组合键）即可弹出"图像大小"对话框，如图 1 – 65 所示，设置完成之后单击"确定"按钮即可。例如，把图 1 – 66 所示的图像大小的宽度改为 400 像素，高不变时，图像变成图 1 – 67 所示的样子，图像进行了横向的拉伸。若不想让图像比例发生变化，勾选"约束比例"复选框即可。

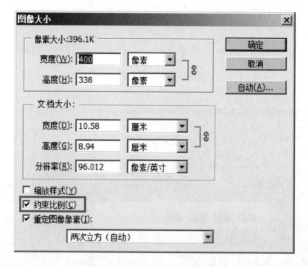

图 1-65　"图像大小"对话框

图 1-66　原图像

图 1-67　修改宽度后的图像

（2）修改画布尺寸

画布是指整个文档的工作区域，执行"图像→画布大小"命令（或按【Ctrl + Alt + C】组合键），即可弹出"画布大小"对话框，如图 1 - 68 所示。修改画布尺寸后，单击"确定"按钮完成修改。

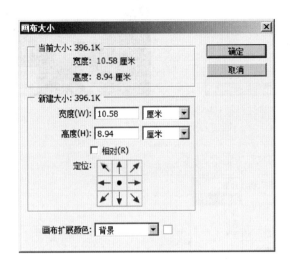

图 1 - 68　"画布大小"对话框

值得注意的是，若勾选了"相对"复选框，"宽度"和"高度"选项中的数值不再是整个画布的大小，而是实际增加或减少的区域的大小。

5. Photoshop CS6 初始化设置

为了使初学者更好地认识 Photoshop CS6 的工具，需要对 Photoshop CS6 进行初始化设置。

（1）工作区布局设置

Photoshop CS6 的工具的工作布局主要分为"基本功能""绘画""摄影""排版"等类别。其中"基本功能"是 Photoshop CS6 默认的工作区布局，大多数 Photoshop 学习者可以直接使用这一工作布局。如果需要更改布局，可以执行"窗口→工作区"命令，打开图 1 - 69 所示的菜单，选择其中的命令，即可完成工作区布局的更改。还可以对工作区进行复位、新建、删除等操作。

（2）单位设置

在 Photoshop CS6 的工具中，默认的单位是厘米，也就是说在 Photoshop CS6 中使用的图片，其宽度、高度都是以厘米为单位的，如图 1 - 70 所示。

但制作一些数码图像时，就会用"像素"这个单位。在进行 UI 设计等数码图像时，要将默认的厘米单位设置为像素单位。执行"编辑→首选项→单位与标尺"命令，会打开"首选项"对话框，在对话框中设置单位为"像素"，如图 1 - 71 所示，单击"确定"按钮。

图 1－69　工作区布局菜单   图 1－70　图像单位

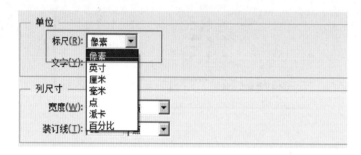

图 1－71　设置标尺单位

动手实践

请打开 Photoshop CS6，新建一个 400 像素 × 400 像素的画布。

扫描下方的二维码，可查看实现过程。

第2章

图层与选区工具

学习目标

◆ 掌握图层的基本操作,学会新建、删除、复制、显示及隐藏图层。

◆ 掌握选区工具的使用,可以绘制矩形、椭圆及不规则形状的选区。

◆ 掌握选区的布尔运算,可以对选区进行加、减及交叉运算。

通过对第 1 章的学习,读者对 Photoshop CS6 已经有了一个基本的了解。在 Photoshop CS6 中,图层和选区作为最基础的工具,经常被用于图形图像的制作。但是为什么要应用图层? 又该如何使用选区工具? 本章将通过案例的形式对"图层"和"选区工具"进行详细讲解。

2.1 【案例 1】超级电视

"矩形选框工具"作为最基础的选区工具,常用来绘制一些形状规则的图形。本节将使用"矩形选框工具"绘制"超级电视",其效果如图 2 – 1 所示。通过本案例的学习,应掌握"矩形选框工具"和"自由变换"的基本应用。

图 2 – 1 "超级电视"效果展示

实现步骤

1. 绘制超级电视外壳

Step 01 执行"文件→新建"命令(或按【Ctrl + N】组合键),打开"新建"对话框,设置

"宽度"为 800 像素、"高度"为 600 像素、"分辨率"为 72 像素/英寸，"颜色模式"为 RGB 颜色、"背景内容"为白色，如图 2-2 所示，单击"确定"按钮，完成画布的创建。

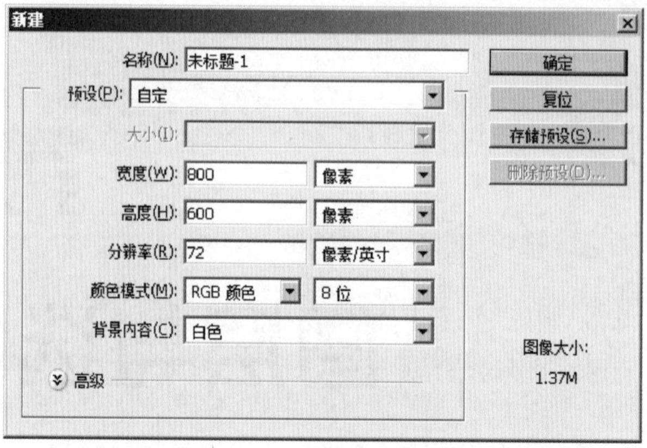

图 2-2 "新建"对话框

Step 02 执行"文件→存储为"命令（或按【Ctrl + Shift + S】组合键），在打开的对话框中以名称"【案例 1】超级电视.psd"保存图像，即可生成一个 psd 格式的文件，如图 2-3 所示。

【案例1】超级电视.psd

图 2-3　psd 格式的文件

Step 03 单击"图层"面板下方的"创建新图层"按钮 （或按【Ctrl + Shift + Alt + N】组合键），创建一个新图层，"图层"面板中会出现名称为"图层 1"的透明图层，如图 2-4 所示。

Step 04 选择"矩形选框工具" （或按【M】键），在画布中绘制图 2-5 所示的矩形选区。

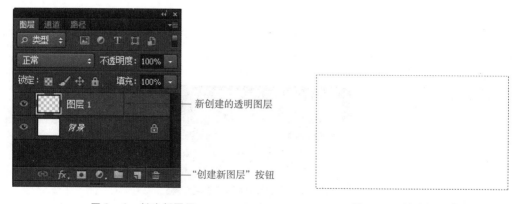

—— 新创建的透明图层

—— "创建新图层"按钮

图 2-4　创建新图层　　　　　图 2-5　创建矩形选区

Step 05 选择"油漆桶工具" ，在选区所在的区域内单击（或按【Alt + Delete】组合键填充黑色前景色），效果如图 2-6 所示。

Step 06 执行"选择→取消选择"命令（或按【Ctrl + D】组合键），取消选区，效果如图 2-7 所示。

图 2－6　填充选区　　　　　　　　　　图 2－7　取消选区

2. 绘制超级电视屏幕

Step 01 按【Ctrl + Shift + Alt + N】组合键新建"图层 2",在外壳上合适的位置绘制一个比外壳略小的矩形选区,如图 2－8 所示。

图 2－8　绘制矩形选区

Step 02 单击工具箱中的"设置前景色"图标█,在打开的"拾色器(前景色)"对话框中拖动鼠标,将前景色设置为灰色,单击"确定"按钮,如图 2－9 所示。

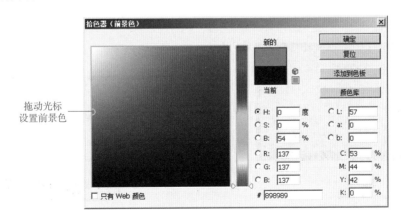

图 2－9　设置前景色

Step 03 按【Alt + Delete】组合键填充灰色前景色,接着按【Ctrl + D】组合键取消选区,效果如图 2－10 所示。

3. 绘制超级电视的支架、底座和开关

Step 01 单击工具箱中的"默认前景色和背景色"按钮█(或按【D】键),重置前景色和背景色。这时前景色恢复为默认的黑色,背景色恢复为默认的白色。重置前后的对比效果如图 2 – 11 所示。

图 2 – 10   填充灰色前景色

恢复默认前   恢复默认后

图 2 – 11   重置前后的前景色和背景色

Step 02 按【Ctrl + Shift + Alt + N】组合键新建"图层 3",绘制一个大小合适的矩形选区,按【Alt + Delete】组合键填充黑色前景色。按【Ctrl + D】组合键取消选区,作为电视支架。

Step 03 按【Ctrl + Shift + Alt + N】组合键新建"图层 4",绘制一个稍长的矩形选区,按【Alt + Delete】组合键填充黑色前景色。按【Ctrl + D】组合键取消选区,作为电视底座。

Step 04 按【Ctrl + Shift + Alt + N】组合键新建"图层 5",绘制一个较小的矩形选区,设置前景色为红色,按【Alt + Delete】组合键填充颜色。按【Ctrl + D】组合键取消选区,作为电视开关,绘制效果如图 2 – 12 所示。

Step 05 分别选中"开关"、"支架"和"底座"所在的图层,使用"移动工具"将它们移动至合适的位置,如图 2 – 13 所示。

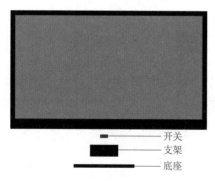

开关
支架
底座

图 2 – 12   超级电视的开关、支架和底座

图 2 – 13   移动开关、支架和底座到相应位置

Step 06 选中所有图层(方法为按住【Ctrl】键不放,依次单击图层),执行"图层→对齐→水平居中"命令,使页面中的元素水平居中排列,效果如图 2 – 14 所示。

4. 制作超级电视画面

Step 01 执行"文件→打开"命令(或按【Ctrl + O】组合键),打开素材图片。选择"移动工具"  ,将素材拖动至"超级电视"画布上,得到"图层 6",如图 2 – 15 所示。

图 2 – 14 移动和对齐图层

图 2 – 15 拖入素材

Step 02 执行"编辑→自由变换"命令(或按【Ctrl + T】组合键),再按【Ctrl + –】组合键缩小画布,画面四周出现带有角点的框(一般称为"定界框"),如图 2 – 16 所示。

图 2 – 16 定界框效果

Step 03 按住【Alt + Shift】组合键不放,用鼠标指针分别拖动定界框的四个角点,将素材图像缩放到合适的大小,如图 2 – 17 所示。

图 2 – 17 缩放素材图像

Step 04 按【Enter】键,确认自由变换,并移动素材的位置,效果如图 2 – 18 所示。

图 2－18　调整后的素材

Step 05 单击"图层"面板中的"指示图层可见性"按钮，隐藏"图层 6"。选择"矩形选框工具"，沿灰色屏幕边缘绘制矩形选区，如图 2－19 所示。

图 2－19　隐藏图层并绘制矩形选区

Step 06 再次单击"指示图层可见性"按钮，显示"图层 6"，按【Delete】键删除选区中的元素。

Step 07 重复运用 Step05 和 Step06 中的方法裁切超出电视屏幕的素材图片部分，即可得到图 2－1 所示的效果。

🧩 知识点讲解

1. 图层的概念和分类

"图层"是由英文单词 layer 翻译而来的，layer 的原意即为"层"。使用 Photoshop 制作图像时，通常将图像的不同部分分层存放，并由所有的图层组合成复合图像。图 2－20 所示即为多个图层组合而成的复合图像。

多图层图像的最大优点是可以单独处理某个元素，而不会影响图像中的其他元素。例如，可以随意移动图 2－20 中的"金鼎"，而画面中的其他元素不会受到任何影响。

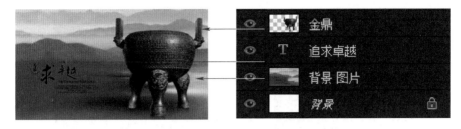

图2-20　多个图层组成的图像

仔细观察图2-20,不难看出其中各图层的显示状态是不同的,例如"金鼎"所在的层为透明状态,"追求卓越"所在的层显示为 。这是因为在Photoshop CS6中可以创建多种类型的图层,它们的显示状态和功能各不相同。

(1)"背景"图层

当用户创建一个新的不透明图像文档时,会自动生成"背景"图层。默认情况下,"背景"图层位于所有图层之下,为锁定状态,不可调节图层顺序和设置图层样式。双击"背景"图层时,可将其转换为普通图层。在Photoshop CS6中,"背景"图层的显示状态为 。

(2)普通图层

用户还可以通过复制现有图层或者创建新图层来得到普通图层。在普通图层中可以进行任何与图层相关的操作。在Photoshop CS6中,新建的普通图层的显示状态为 。

(3)文字图层

通过使用"文字工具"可以创建文字图层,文字图层不可直接设置滤镜效果。在Photoshop CS6中文字图层的显示状态为 。

(4)形状图层

通过使用"形状工具"和"钢笔工具"可以创建形状图层,在Photoshop CS6中,形状图层的显示状态为 ,其中黑色部分是形状的缩略图。

2. 图层的基本操作

在Photoshop CS6中,用户可以根据需要对图层进行一些操作,例如创建图层、删除图层、选择图层、显示与隐藏图层等。

(1)创建普通图层

用户在创建和编辑图像时,新建的图层都是普通图层,常用的创建方法有以下两种:

● 单击"图层"面板下方的"创建新图层"按钮 ,可创建一个普通图层,如图2-21所示。

● 按【Ctrl + Shift + Alt + N】组合键,可在当前图层的上方创建一个新图层。

(2)删除图层

为了尽可能地减小图像文件的大小,对于一些不需要的图层可以将其删除,具体方法如下:

● 选择需要删除的图层,将其拖动到"图层"面板下方的"删除图层"按钮 上,即可完成图层的删除,如图2-22所示。

图 2-21　新建普通图层

图 2-22　删除图层

- 按【Delete】或【Backspace】键可删除被选择的图层。
- 执行"文件→脚本→删除所有空图层"命令,将删除所有未被编辑的空图层。

(3)选择图层

制作图像时,如果想要对图层进行编辑,就必须选择该图层。在 Photoshop CS6 中,选择图层的方法有多种:

- 选择一个图层:在"图层"面板中单击需要选择的图层。
- 选择多个连续图层:单击第一个图层,然后按住【Shift】键的同时单击最后一个图层。
- 选择多个不连续图层:按住【Ctrl】键的同时依次单击需要选择的图层。
- 取消某个被选择的图层:按住【Ctrl】键的同时单击某个要被取消选择的图层。
- 取消所有被选择的图层:在"图层"面板最下方的空白处单击或单击其他未被选择的图层,即可取消所有被选择的图层,如图 2-23 所示。

图 2-23　取消所有选择的图层

注意:

按住【Ctrl】键进行选择时,应单击图层缩览图以外的区域。如果单击缩览图,则会将图层中的图像载入选区。

(4)图层的显示与隐藏

制作图像时,为了便于图像的编辑,经常需要隐藏/显示一些图层,具体方法如下:

- 单击图层缩览图前的"指示图层可见性"图标，即可显示或隐藏相应图层。显示图标的图层为可见图层,不显示图标的图层为隐藏图层,具体效果如图 2-24 所示。
- 选中要显示或隐藏的图层,将鼠标指针移动到"指示图层可见性"图标上并右击,在弹出的快捷菜单中可选择"隐藏本图层"或"显示/隐藏所有其他图层"命令。

(5)图层的排列

在"图层"面板中,图层是按照创建的先后顺序堆叠排列的。将一个图层拖动到另外一个图层的上面(或下面),即可调整图层的堆叠顺序。改变图层顺序会影响图层的显示效果,如图 2 - 25 和图 2 - 26 所示。

图 2 - 24　显示和隐藏图层

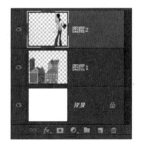 

图 2 - 25　"图层 2"位于"图层 1"之上

图 2 - 26　调整图层顺序后的效果

　　选择一个图层,执行"图层→排列"子菜单中的命令,如图 2 - 27 所示,也可以调整图层的堆叠顺序。其中,"置为顶层"命令(或按【Shift + Ctrl + 】】组合键)为将所选图层调整到最顶层;"前移一层"(或按【Ctrl + 】】组合键)或"后移一层"命令(或按【Ctrl + 【】组合键)为将所选图层向上或向下移动一个堆叠顺序;"置为底层"命令(或按【Shift + Ctrl + 【】组合键)为将所选图层调整到最底层。

　　3. 图层的合并

　　合并图层不仅可以节约磁盘空间、提高操作速度,还可以更方便地管理图层。图层的合并主要包括"向下合并图层"、"合并可见图层"和"盖印图层"。

（1）向下合并图层

选中某一个图层后，执行"图层→向下合并"命令（或按【Ctrl + E】组合键），即可将当前图层及其下方的图层合并为一个图层，如图 2 - 28 所示。

图 2 - 27　"图层→排列"子菜单

图 2 - 28　向下合并图层

（2）合并可见图层

选中某一个图层后，执行"图层→合并可见图层"命令（或按【Shift + Ctrl + E】组合键），即可将所有可见图层合并到选中的图层中，如图 2 - 29 所示。如果选中的图层中包含"背景"图层，所有可见图层将会合并到"背景"图层中，如图 2 - 30 所示。

图 2 - 29　合并可见图层 1

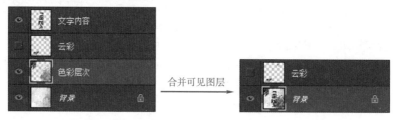

图 2 - 30　合并可见图层 2（包含"背景"图层）

（3）盖印图层

"盖印图层"可以将多个图层内容合并为一个目标图层，同时使其他图层保持完好。按【Shift + Ctrl + Alt + E】组合键可以盖印所有可见的图层，如图 2 - 31 所示。

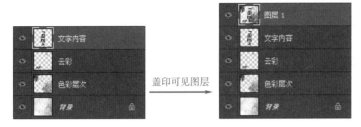

图 2-31　盖印可见图层

另外,按【Ctrl + Alt + E】组合键可以复制合并图层。这时,在所选图层的上面会出现它们的合并图层,且原图层保持不变,如图 2-32 所示。如果选中的图层中包含"背景"图层,那么选中的图层将会盖印到"背景"图层中。

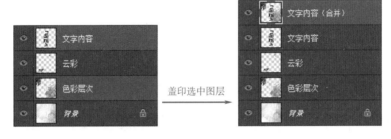

图 2-32　盖印选中图层

4. 图层的不透明度

"不透明度"用于控制图层、图层组中绘制的像素和形状的不透明程度。通过"图层"面板右上角的"不透明度"数值框可以对当前"图层"的透明度进行调节,其设置范围为 0% ~ 100%。

打开一个素材文件,如图 2-33 所示。在"图层"面板中选中"女孩"图层,将其"不透明程度"设置为 50%,这时"女孩"图层将变为半透明状态,透露出其下方的图层内容,如图 2-34 所示。

图 2-33　不透明度为 100% 的图层

图 2-34　不透明度为 50% 的图层

　　值得一提的是,在使用除画笔、图章、橡皮擦等绘画和修饰之外的其他工具时,按键盘中的数字键即可快速修改图层的不透明度。例如,按下"3"时,不透明度会变为30%;按下"33"时,不透明度会变为33%;按下"0"时,不透明度会恢复为100%。

5. 移动工具

　　"移动工具" （快捷键【V】）主要用于实现图层的选择、移动等基本操作,是编辑图像过程中用于调整图层位置的重要工具。选择"移动工具"后,选中目标图层,按住鼠标左键在画布上拖动,即可将该图层移动到画布中的任何位置。

　　使用"移动工具"时,有一些实用的小技巧,具体如下:

- 按住【Shift】键不放,可使图层沿水平、竖直或45°的方向移动。
- 按住【Alt】键的同时移动图层,可对图层进行移动复制。
- 在"移动工具"状态下,按住【Ctrl】键不放,在画布中单击某个元素,可快速选中该元素所在的图层。在编辑复杂的图像时,经常用此方法快速选择元素所在的图层。
- 选择"移动工具"后,可通过其选项栏中的"对齐"及"分布"选项,快速对多个选中的图层执行"对齐"或"分布"操作,如图2-35所示。

图 2-35　对齐与分布选项

☕ **多学一招**:如何对图像进行小幅度的移动?

　　使用"移动工具"时,每按一下方向键【→】【←】【↑】【↓】,便可将对象移动一个像素的距离;如果按住【Shift】键的同时再按方向键,则图像每次可移动10个像素的距离。

---

6. 矩形选框工具的基本操作

　　"矩形选框工具"作为最常用的选区工具,常用来绘制一些形状规则的矩形选区。选择"矩形选框工具" （或按【M】键）,按住鼠标左键在画布中拖动,即可创建一个矩形选区,如图2-36所示。

图 2-36　创建矩形选区

　　使用"矩形选框工具"创建选区时,有一些实用的小技巧,具体如下:

- 按住【Shift】键的同时拖动鼠标,可创建一个正方形选区。
- 按住【Alt】键的同时拖动鼠标,可创建一个以单击点为中心的矩形选区。
- 按住【Alt + Shift】键的同时拖动鼠标,可以创建一个以单击点为中心的正方形选区。
- 执行"选择→取消选择"命令（或按【Ctrl + D】组合键）,可取消当前选区(适用于所有选区工具创建的选区)。

7. 矩形选框工具选项栏

选择"矩形选框工具"后,可以在其选项栏的"样式"列表框中选择控制选框尺寸和比例的方式,如图 2 - 37 所示。

图 2 - 37　"矩形选框工具"选项栏

可以将"矩形选框工具"的"样式"设置为"正常"、"固定比例"和"固定大小"三种形式。

- 正常:默认方式,拖动鼠标可创建任意大小的选框。
- 固定比例:选择该选项后,可以在后面的"宽度"和"高度"文本框中输入具体的宽高比。绘制选框时,选框将自动符合该宽高比。
- 固定大小:选择该选项后,可以在后面的"宽度"和"高度"文本框中输入具体的宽高数值,以创建指定尺寸的选框。

8. 图层的对齐和分布

为了使图层中的元素整齐有序地排列,经常需要对齐图层或调整图层的分布,具体方法如下:

（1）图层的对齐

选择需要对齐的图层(两个或两个以上),执行"图层→对齐"命令,在弹出的子菜单中选择相应的对齐命令,如图 2 - 38 所示,即可按指定的方式对齐图层。

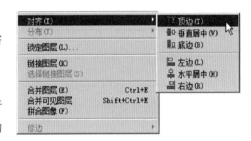

图 2 - 38　图层的"对齐"子菜单

对于图 2 - 38 中的对齐命令,具体解释如表 2 - 1 所示。

表 2 - 1　图层对齐命令

图层对齐命令	说　明
顶边	所选图层对象将以位于最上方的对象为基准,顶部对齐
垂直居中	所选图层对象将以位置居中的对象为基准,垂直居中对齐
底边	所选图层对象将以位于最下方的对象为基准,底部对齐
左边	所选图层对象将以位于最左侧的对象为基准,左对齐
水平居中	所选图层对象将以位于中间的对象为基准,水平居中对齐
右边	所选图层对象将以位于最右侧的对象为基准,右对齐

（2）图层的分布

选择需要分布的图层(三个或三个以上),执行"图层→分布"子菜单中相应的分布命令,如图 2 - 39 所示,即可按指定的方式分布图层。

对于图 2 - 39 中的分布命令,具体解释如表 2 - 2 所示。

图 2-39　图层的"分布"子菜单

表 2-2　图层分布命令

图层分布命令	说　明
顶边	以每个被选择图层对象的最上方为基准点，等距离垂直分布
垂直居中	以每个被选择图层对象的中心点为基准点，等距离垂直分布
底边	以每个被选择图层对象的最下方为基准点，等距离垂直分布
左边	以每个被选择图层对象的最左侧为基准点，等距离水平分布
水平居中	以每个被选择图层对象的中心点为基准点，等距离水平分布
右边	以每个被选择图层对象的最右侧为基准点，等距离水平分布

9. 前景色和背景色

在 Photoshop 工具箱的底部有一组设置前景色和背景色的图标，如图 2-40 所示，该图标组可用于设置前景色和背景色，进而进行填充等相关操作。

图 2-40　前景色和背景色设置图标

通过图 2-40 可看出，该图标组由四个部分组成，分别为"设置前景色""设置背景色""切换前景色和背景色""默认前景色和背景色"。

（1）设置前景色

该色块所显示的颜色是当前所使用的前景色。单击该色块，将打开图 2-41 所示的"拾色器（前景色）"对话框。在"色域"中拖动鼠标可以改变当前拾取的颜色，拖动"颜色滑块"可以调整颜色范围。按【Alt + Delete】组合键可直接填充前景。

（2）设置背景色

该色块所显示的颜色是当前所使用的背景色。单击该色块，将弹出"拾色器（背景色）"对话框，可进行背景色设置。按【Ctrl + Delete】组合键可直接填充背景色。

（3）切换前景色和背景色

单击该按钮（或按【X】键），可将前景色和背景色互换。

（4）默认前景色和背景色

单击该按钮（或按【D】键），可恢复默认的前景色和背景色，即前景色为黑色，背景色为白色。

拾取的颜色

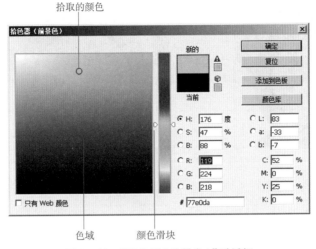

色域　　　　　　颜色滑块

图 2 - 41　"拾色器（前景色）"对话框

10. 油漆桶工具

使用"油漆桶工具" 可以在图像中填充前景色或图案。如果创建了选区，则填充的区域为所选区域；如果没有创建选区，则填充与单击点颜色相近的区域。

图 2 - 42 所示为"油漆桶工具"选项栏。单击"前景"右侧的 按钮，可以在下拉列表中选择填充内容，包括"前景色"和"图案"。调整"不透明度"可以设置所填充区域的不透明度。

前景 ⬍ ‖ 模式：正常 ⬍ ‖ 不透明度：100% ▾ ‖ 容差：32 ‖ ✓ 消除锯齿 ‖ ✓ 连续的 ‖ □ 所有图层

图 2 - 42　"油漆桶工具"选项栏

注意：

在 Photoshop 工具箱中，如果当前未显示"油漆桶工具" ，可右击"渐变工具" ，在弹出的快捷菜单中选择"油漆桶工具"。

11. 自由变换的基本操作

制作图像时，常常需要调整某些图层对象的大小，这时就需要使用"自由变换"命令。选中需要变换的图层对象，执行"编辑→自由变换"命令（或按【Ctrl + T】组合键），图层对象的四周会出现定界框，如图 2 - 43 所示。

定界框四个角上的点被称为"定界框角点"，四条边中间的点被称为"定界框边点"，如图 2 - 44 所示。用户可以根据需要拖动定界框的边点或角点，进而调整图层对象的大小，具体操作如下：

（1）自由缩放

将鼠标指针移动至"定界框边点"或"定界框角点"处，待指针变为 状，按住鼠标左键不放，拖动鼠标即可调整图层对象的大小。

（2）等比例缩放

按住【Shift】键不放，拖动"定界框角点"，即可等比例缩放图层对象。

图 2-43　定界框

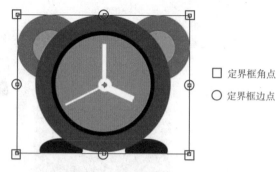

图 2-44　定界框角点与边点

□ 定界框角点

○ 定界框边点

（3）中心点等比例缩放

按住【Alt + Shift】键不放，拖动"定界框角点"，即可以中心点等比例缩放图层对象。

（4）旋转变换

"旋转变换"是以定界框的中心点为圆心进行旋转的，也可以根据旋转需求移动中心点。执行"编辑→变换→旋转"命令（或按【Ctrl + T】组合键），调出定界框，这时，将鼠标指针移动至定界框角点或边点处，待指针变成↰形状时，按住鼠标左键不放，拖动鼠标指针即可旋转图像，如图 2-45 所示。

图 2-45　旋转图像

另外，在"自由变换"选项栏中，可以设置旋转角度，如图 2-46 所示，此数值为 -180°~180°。按住【Shift】键的同时进行旋转，图像会以 -15°或 15°的倍数为单位进行旋转。

设置旋转

| X: 300.00 像 | △ Y: 326.00 像 | W: 100.00% | H: 100.00% | △ 120　度 | H: 0.00　度 | V: 0.00　度 |

图 2-46　在"自由变换"选项栏中设置旋转角度

12. 自由变换选项栏

当执行"自由变换"命令时，选项栏会切换到该命令的选项设置，具体如图 2-47 所示。

| X: 301.50 像 | △ Y: 301.50 像 | W: 100.00% | H: 100.00% | △ 0.00　度 | H: 0.00　度 | V: 0.00　度 | 插值: 两次立方 |

图 2-47　"自由变换"选项栏

图 2-47 展示了自由变换工具的相关选项，对其中一些常用选项的解释如下：

- **W: 100.00%** ：设置水平缩放，可按输入的百分比水平缩放图层对象。

- **⚭** ：保持长宽比，单击此按钮，可按当前元素的比例进行缩放。

- **H: 100.00%** ：设置垂直缩放，可按输入的百分比，垂直缩放图层对象。

- **△ 0.00　度** ：输入需要旋转的角度值，图层对象将按照该角度值进行旋转。

2.2 【案例2】企鹅形象

通过上一节的学习,已经对"矩形选框工具"以及"自由变换"有了一定的认识,接下来将继续介绍 Photoshop 中基础的选框工具——椭圆选框工具。本节将使用"椭圆选框工具"绘制一个企鹅形象,其效果如图 2 – 48 所示。通过本节的学习,应掌握"图层"的复制与排序。

图 2 – 48　企鹅形象

实现步骤

1. 绘制企鹅头部

Step 01 执行"文件→新建"命令(或按【Ctrl + N】组合键),打开"新建"对话框,设置"宽度"为 500 像素、"高度"为 500 像素、"分辨率"为 72 像素/英寸,"颜色模式"为 RGB 颜色、"背景内容"为白色,如图 2 – 49 所示,单击"确定"按钮,完成画布的创建。

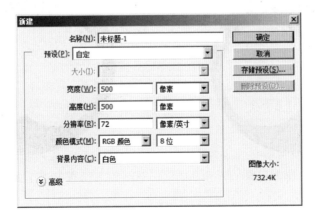

图 2 – 49　"新建"对话框

Step 02 执行"文件→存储为"命令(或按【Ctrl + Shift + S】组合键),在打开的对话框中以名称"【案例2】企鹅形象 . psd"保存图像。

Step 03 在工具箱中右击"矩形选框工具" ，在弹出的快捷菜单中选择"椭圆选框工具" ，在其选项栏中勾选"消除锯齿"复选框。

Step 04 按【Ctrl + Shift + Alt + N】组合键新建图层，按住【Shift】键，在画布上单击并按住鼠标左键进行拖动，绘制圆形选框作为企鹅的脑袋，如图 2 - 50 所示。

Step 05 将前景色设置为深灰色(RGB:33,31,32)，按【Alt + Delete】组合键填充选区，按【Ctrl + D】组合键取消选区，如图 2 - 51 所示。

图 2 - 50　绘制正圆选区　　　　　　　　　图 2 - 51　填充颜色

Step 06 新建"眼圈"图层绘制椭圆选区，并将其填充为浅灰色(RGB:246,246,246)，按【Ctrl + D】组合键取消选区，位置及大小如图 2 - 52 所示。

Step 07 按【Ctrl + J】组合键复制"眼圈"所在图层，并移动其位置，效果如图 2 - 53 所示。

图 2 - 52　绘制眼圈　　　　　　　　　　　图 2 - 53　复制图层

Step 08 新建图层，按住【Shift】键在企鹅头部的上方绘制正圆选区，并将其填充为深灰色(RGB:33,31,32)，如图 2 - 54 所示。按【Ctrl + D】组合键取消选区。

Step 09 绘制椭圆选区，如图 5 - 55 所示，按【Delete】键删除选区内的像素，得到企鹅头发，效果如图 2 - 56 所示。

图 2 – 54　绘制正圆选区

图 2 – 55　绘制椭圆选区

图 2 – 56　删除像素效果图

Step 010 按【Ctrl + J】组合键复制企鹅头发所在的图层,按【Ctrl + T】组合键,调出定界框,如图 2 – 57 所示。右击定界框,在弹出的快捷菜单中选择"水平翻转"命令,按【Enter】键确定变换,将其移动至合适位置,效果如图 2 – 58 所示。

图 2 – 57　调出定界框

图 2 – 58　企鹅头发效果图

2. 绘制企鹅五官

Step 01 新建图层,在企鹅的眼圈内绘制正圆选区,并将其填充为深灰色(RGB:33,31,32),作为企鹅的眼睛,如图 2 – 59 所示。按【Ctrl + D】组合键取消选区。

Step 02 新建图层,在眼睛里绘制一个小的正圆选区,并填充为白色,作为眼睛的高光,如图 2 – 60 所示。按【Ctrl + D】组合键取消选区。

图 2 – 59　绘制企鹅右眼

图 2 – 60　绘制正圆选区

Step 03 选中企鹅眼睛所在的图层,按【Ctrl + J】组合键进行复制,将其移动到合适位置,如图 2 - 61 所示。

图 2 - 61   复制并移动眼睛位置

Step 04 使用"椭圆选框工具"  绘制正圆,如图 2 - 62 所示,按【Delete】键删除选区内像素,效果如图 2 - 63 所示。

图 2 - 62   绘制正圆选区   图 2 - 63   左眼效果图

Step 05 新建图层,使用"椭圆选框工具"  在企鹅的两只眼睛上绘制椭圆选框,将其填充为黄色(RGB:249、226、20),作为企鹅的鼻子,效果如图 2 - 64 所示。按【Ctrl + D】组合键取消选区。

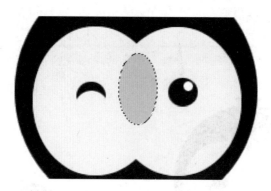

图 2 - 64   绘制企鹅鼻子

Step 06 选择"矩形选框工具" ,绘制选区,如图 2 - 65 所示,按【Delete】键删除选区内的像素,效果如图 2 - 66 所示。

图 2-65　绘制矩形选区

图 2-66　鼻子效果图

3. 绘制企鹅身体

Step 01　在"背景"图层上方新建图层,使用"矩形选框工具" 绘制选区,如图 2-67 所示。将其填充为深灰色(RGB:33、31、32),作为企鹅的胸部。

图 2-67　绘制矩形选框

Step 02　使用"椭圆选框工具" 在画布上绘制椭圆选框并移动选区的位置,如图 2-68 所示。按【Delete】键删除选区内的像素,得到图 2-69 所示的效果。

图 2-68　绘制椭圆选框

图 2-69　删除选区内的像素

Step 03　按照 Step02 的方法将右侧多余像素删除,得到图 2-48 所示的效果。

知识点讲解

1. 椭圆选框工具的基本操作

与"矩形选框工具" 类似,"椭圆选框工具" 也是最常用的选区工具之一。将鼠标指针定位在"矩形选框工具"上并右击,会弹出选框工具组,选择"椭圆选框工具",如图 2 - 70 所示。

选中"椭圆选框工具"后,按住鼠标左键在画布中拖动,即可创建一个椭圆选区,如图 2 - 71 所示。

图 2 - 70　选择"椭圆选框工具"　　　　图 2 - 71　椭圆选区

使用"椭圆选框工具"创建选区时,有一些实用的小技巧,具体如下:
- 按住【Shift】键的同时拖动鼠标,可创建一个正圆选区。
- 按住【Alt】键的同时拖动鼠标,可创建一个以单击点为中心的椭圆选区。
- 按住【Alt + Shift】组合键的同时拖动鼠标,可以创建一个以单击点为中心的正圆选区。
- 使用【Shift + M】组合键可以在"矩形选框工具"和"椭圆选框工具"之间快速切换。

2. 椭圆选框工具的选项栏

"椭圆选框工具"选项栏如图 2 - 72 所示。

图 2 - 72　"椭圆选框工具"选项栏

"椭圆选框工具"选项栏与"矩形选框工具"选项栏基本相同,只是该工具具有"消除锯齿"功能。

为什么要对椭圆选框"消除锯齿"? 这是因为像素是组成图像的最小元素,由于它们都是正方形的,因此,在创建圆形、多边形等不规则选区时便容易产生锯齿,如图 2 - 73 所示。而勾选"消除锯齿"复选框后,Photoshop 会在选区边缘 1 个像素的范围内添加与周围图像相近的颜色,使选区看上去光滑,如图 2 - 74 所示。

图 2 - 73　未勾选"消除锯齿"复选框的效果　　　图 2 - 74　勾选"消除锯齿"复选框后的效果

3. 图层的锁定

锁定图层可以帮助用户对图像进行快速处理,在"图层"面板中,包括"锁定透明像素""锁定图像像素""锁定位置""锁定全部"四个按钮,如图 2 – 75 所示。

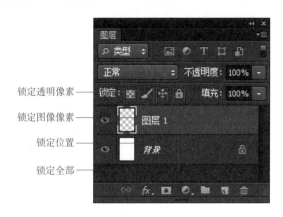

图 2 – 75 锁定图层

单击不同的按钮即可设置不同的图层锁定样式,具体介绍如下:

- 锁定透明像素 ▦ :是指使无图像的透明区域不被操作。当用户想对一个图层中的位图元素进行操作而不影响到透明背景时,单击该按钮即可锁定透明像素,使透明背景不被操作。例如,利用"椭圆选区工具"在图层中绘制一个黑色的椭圆,若取消选区之后,想将其颜色调整为绿色,单击该按钮,再填充颜色,"背景"图层就不会被填充。图 2 – 76 所示即为锁定前后的填充效果。

未锁定透明像素   锁定透明像素

图 2 – 76 锁定透明像素

- 锁定图像像素 ✎ :是指不能使用某些工具对图层中的位图元素进行相应的操作,如画笔工具、渐变工具、橡皮擦工具等。在处理图像时,图层往往较多,为了避免在处理图像时对不想修改的图层内容误操作,选中不想被修改的图层,在面板上方单击该按钮,即可使画笔、渐变、擦除等效果不作用于该图层,值得注意的是,锁定图像像素后的图层,可以改变其位置及大小。
- 锁定位置 ✛ :是指不能改变图层中位图元素的位置及大小。当用户不想改变某个位图元素的位置时,选中该元素所在的图层,单击该按钮后,图层位置即不能移动,当使用移动工具移动图像时,会弹出提示框,如图 2 - 77 所示。值得注意的是,虽然不能改变位图元素的位置及大小,但可以进行其他操作,如填充、画笔、渐变、仿制图章等。

图 2 - 77　提示框

- 锁定全部🔒:是指任何操作或命令都不能使图层中的位图元素进行改变。当用户不想让某个图层中的位图元素有任何改变时,单击该按钮即可锁定全部,即此图层所有操作都不能进行。也就是说,单击该按钮后既锁定了透明像素,又锁定了图像像素,还锁定了图层的位置。

注意:

当图层中的元素是矢量形状时,"锁定透明像素"和"锁定图像像素"将不可使用。单击"锁定位置"按钮后,按【Ctrl + T】组合键后可以改变矢量形状的大小及位置。

4. 图层的复制

一个图像中经常会包含两个或多个完全相同的元素,在 Photoshop 中可以对图层进行复制来得到相同的元素。复制图层的方法有多种,具体如下:

- 在"图层"面板中,将需要复制的图层拖动到"创建新图层"按钮🔲上,即可复制该图层,如图 2 - 78 和图 2 - 79 所示。

图 2 - 78　复制图层前　　　　　　　图 2 - 79　复制图层后

- 对当前图层应用【Ctrl + J】组合键,可复制当前图层。
- 在"移动工具"▶╬状态下,按住【Alt】键不放,选中需要复制的图层并拖动即可复制当前图层。
- 在"图层"面板中,选择一个图层并右击,在弹出的快捷菜单中选择"复制图层"命令,打开"复制图层"对话框,单击"确定"按钮,即可复制该图层。

5. 垂直翻转与水平翻转

变换操作中提供了"水平翻转"和"垂直翻转"命令,常用于制作镜像和倒影效果。按【Ctrl + T】组合键调出定界框,右击定界框,在弹出的快捷菜单中选择"水平翻转"或"垂直翻转"命令,即可对图像进行水平或垂直翻转,效果如图 2 – 80 所示。

　原图　　　　　　　　水平翻转　　　　　　　　垂直翻转

图 2 – 80　水平翻转和垂直翻转效果

值得一提的是,在实际工作中,经常通过对图层进行复制,然后对复制后的图层副本执行"水平翻转"或"垂直翻转"命令,得到镜像或倒影效果。

☕ 多学一招:通过"自由变换"复制绘制星光

对图像进行变换操作后,按【Ctrl + Shift + Alt + T】组合键,可以复制当前图像,并对其执行最近一次的变换操作。示例如下:

Step 01 按【Ctrl + N】组合键,打开"新建"对话框,设置宽度为 600 像素、高度为 600 像素、分辨率为 72 像素/英寸、颜色模式为 RGB 颜色、背景内容为白色,单击"确定"按钮。

Step 02 按【Ctrl + Shift + Alt + N】组合键,新建"图层 1"。选择"椭圆选框工具"，在画布中绘制一个椭圆选区。设置前景色为粉色,按【Alt + Delete】组合键为选区填充粉色,按【Ctrl + D】组合键取消选区,效果如图 2 – 81 所示。

Step 03 选中"图层 1",按【Ctrl + T】组合键调出定界框。将鼠标指针移动至定界框角点处,待鼠标指针变成 ↰ 形状时,按住【Shift】键的同时拖动鼠标,将"图层 1"旋转 30°,按【Enter】键确定自由变换,效果如图 2 – 82 所示。

图 2 – 81　创建椭圆选框　　　　　　　图 2 – 82　旋转"图层 1"

Step 04 按【Ctrl + Shift + Alt + T】组合键,复制"图层 1",并执行最近一次的变换操作,效果如图 2 - 83 所示。

Step 05 重复使用【Ctrl + Shift + Alt + T】组合键,最终效果如图 2 - 84 所示。

图 2 - 83　自由变换复制　　　　　　　图 2 - 84　多次自由变换复制

6. 撤销操作

在绘制和编辑图像的过程中,经常会出现失误或对创作的效果不满意。当希望恢复到前一步或原来的图像效果时,可以使用一系列的撤销操作。

(1)撤销上一步操作

执行"编辑→还原"命令(或按【Ctrl + Z】组合键),可以撤销对图像所做的最后一次修改,将其还原到上一步编辑状态。如果想要取消"还原"操作,再次按【Ctrl + Z】组合键。

(2)撤销或还原多步操作

执行"编辑→还原"命令只能还原一步操作,如果想要连续还原,可连续执行"编辑→后退一步"命令(或按【Alt + Ctrl + Z】组合键),逐步撤销操作。

如果想恢复被撤销的操作,可连续执行"编辑→前进一步"命令(或按【Ctrl + Shift + Z】组合键)。

(3)撤销到操作过程中的任意步骤

"历史记录"面板可将进行过多次处理的图像恢复到任何一步(系统默认前 20 步)操作时的状态,即所谓的"多次恢复"。执行"窗口→历史记录"命令,打开"历史记录"面板,如图 2 - 85 所示。

这时,选择"历史记录"面板下的任何一步操作,图像即恢复到该操作时的状态。值得一提的是,在"历史记录"面板的右下方有三个按钮,具体解释如下:

- "从当前状态创建新文档" :是指基于当前操作步骤中的图像状态创建一个新的文档,即复制状态到新的文档中。单击该按钮,Photoshop 会自动新建一个文档,并将此时的状态作为源图像,如图 2 - 86 所示。

- "创建新快照" :是指基于当前的图像状态创建快照。也就是说,若想将一些状态有效地保留下来,就可以将其保存为快照。单击该按钮后,创建新快照,如图 2 - 87 所示。单击快照即可快速恢复状态。

- "删除当前状态" :选择一个操作步骤,单击该按钮可将该步骤及后面的操作删除。

单击"历史记录"面板右上方的 ▦ 按钮,将弹出"历史记录"面板菜单,如图 2 - 88 所示。

图 2 - 85 "历史记录"面板

图 2 - 86 从当前状态创建新文档

对于其中的命令,读者可以自行尝试,本书不再做具体讲解。

图 2 - 87 创建新快照

图 2 - 88 "历史记录"面板菜单

2.3 【案例3】制作套环效果

通过前面案例的学习,读者已经对选区的创建及基本操作有了一定的了解,接下来将介绍选区的变换及布尔运算。本节将制作一款套环效果,如图 2 - 89 所示。通过本案例的学习,读者能够了解如何变换选区及布尔运算的用法。

图 2 - 89 效果图

✎ 实现步骤

1. 制作圆环

Step 01 执行"文件→新建"命令(或按【Ctrl + N】组合键),打开"新建"对话框,设置
"宽度"为 860 像素、"高度"为 670 像素、"分辨率"为 72 像素/英寸、"颜色模式"为 RGB 颜
色、"背景内容"为白色,如图 2 – 90 所示,单击"确定"按钮,完成画布的创建。

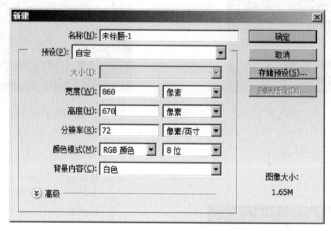

图 2 – 90　"新建"对话框

Step 02 执行"文件→存储为"命令(或按【Ctrl + Shift + S】组合键),以名称"【案例 3】
制作套环效果 . psd"保存文件。

Step 03 单击"图层"面板下方的"创建新图层"按钮█(或按【Ctrl + Alt + Shift + N】
组合键),创建一个新图层。此时,"图层"面板中会出现名称为"图层 1"的透明图层。

Step 04 双击"图层 1"图层缩览图后的图层名称,进入可编辑状态,如图 2 – 91 所示,
输入"橙色",按【Enter】键完成图层的重命名。

Step 05 选择"椭圆选框工具"█,在选项栏中设置羽化为 0、勾选"消除锯齿"复选框,
绘制一个大小为 226 像素的正圆,将选区填充为橙色(RGB:255,151,76),如图 2 – 92 所示。

图 2 – 91　编辑图层名称

图 2 – 92　绘制橙色正圆

Step 06 执行"选择→变换选区"命令，调出定界框，按住【Alt + Shift】组合键，拖动定界框角点，调整选区大小如图 2 – 93 所示。按【Enter】键确认变换，再按【Delete】键将选区内颜色删除，按【Ctrl + D】组合键取消选择，效果如图 2 – 94 所示。

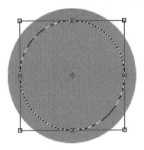

图 2 – 93　调整选区大小　　　　　　　图 2 – 94　删除选区颜色

Step 07 按【Ctrl + J】组合键复制"橙色"图层，将得到的新图层重命名为"浅黄色"，将其移动到合适位置，如图 2 – 95 所示。

Step 08 选中"浅黄色"图层，单击"锁定透明像素"按钮，锁定透明背景，按【Alt + Delete】组合键将其填充为浅黄色（RGB:255、218、163），效果如图 2 – 96 所示。

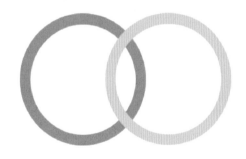

图 2 – 95　移动图层　　　　　　　　　图 2 – 96　填充浅黄色

Step 09 按照 Step07 和 Step08 的方法分别绘制土黄色（RGB:236,189,151）、粉色（RGB:255、150、151）的圆环，如图 2 – 97 所示，并依次将图层重命名为"土黄色"和"粉色"。

图 2 – 97　圆环效果图

2. 制作套环效果

Step 01 选中"橙色"图层，执行"选择→载入选区"命令，打开"载入选区"对话框，如

图 2 - 98 所示,单击"确定"按钮载入选区。

图 2 - 98 "载入选区"对话框 1

Step 02 选中"浅黄色"图层,执行"选择→载入选区"命令,在打开的"载入选区"对话框中选择"与选区交叉"单选按钮,如图 2 - 99 所示。单击"确定"按钮,即可得到两个图层相交部分的选区,如图 2 - 100 所示。

图 2 - 99 "载入选区"对话框 2

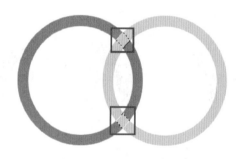

图 2 - 100 黄色与浅费色相交部分

Step 03 选择"椭圆选框工具",在选项栏中单击"在选区中减去"按钮 ,减选在下方的选区,如图 2 - 101 所示。按【Delete】键删除选区内颜色,按【Ctrl + D】组合键取消选择,效果如图 2 - 102 所示。

图 2 - 101 减选选区

图 2 - 102 删除选区内的颜色

Step 04 按照 Step01 ~ Step03 的方法,删除相交圆环的多余颜色,如图 2 - 103 所示,

最终效果如图 2 - 104 所示。

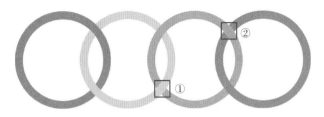

图 2 - 103　删除红框内的颜色

图 2 - 104　套环效果图

3. 添加智能对象

Step 01 将素材图片"智能对象 1"（见图 2 - 105）拖入画布中，调整至合适位置，按
【Enter】键置入素材，效果如图 2 - 106 所示。

图 2 - 105　素材图片

图 2 - 106　置入素材

Step 02 按照 Step01 的方法，依次将素材图片"智能对象 2""智能对象 3""智能对象
4"（如图 2 - 107 所示）拖入画布中，调整至合适位置，最终效果如图 2 - 89 所示。

图 2 - 107　素材图片

知识点讲解

1. 智能对象

智能对象是一个嵌入到当前文档中的文件,它可以包含图像,也可以包含在 Adobe Illustrator 中创建的矢量图形。智能对象与普通图层的区别在于,它能够保留对象的源内容和所有的原始特征,在 Photoshop 中对其进行放大、缩小及旋转时,图像不会失真。

在"图层"面板中选择一个或多个普通图层,如图 2-108 所示,右击,在弹出的快捷菜单中执行"转换为智能对象"命令,可以将一个或多个普通图层打包到一个智能对象中,如图 2-109 所示。

图 2-108　选择多个普通图层

图 2-109　智能对象图层

值得一提的是,智能对象图层虽然有很多优势,但是在某些情况下却无法直接对其进行编辑,例如使用选区工具删除智能对象时,将会报错,如图 2-110 所示。这时就需要将智能对象转换为普通图层。

图 2-110　编辑智能对象时报错

选择智能对象所在的图层,如图 2-111 所示,执行"栅格化图层"命令,可以将智能对象图层转换为普通图层,原图层缩览图上的智能对象图标会消失,如图 2 – 112 所示。

图 2 –111 栅格化智能对象前

图 2 –112 栅格化智能对象后

2. 变换选区

在 Photoshop 中,通常需要将选区的大小及形态进行变换,在载入选区后,执行"选择→变换选区"命令,即可弹出定界框,此时拖动定界框的边点或角点即可对选区进行操作,如图 2 – 113 所示(调出定界框后操作与自由变换类似,读者可参阅 2.2 节,此处不作详细讲解)。

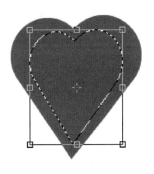

图 2 –113 变换选区

3. 图层的重命名

在 Photoshop CS6 中,新建图层的默认名称为"图层 1""图层 2""图层 3"……为了方便图层的管理,经常需要对图层进行重命名,从而可以更加直观地操作和管理各个图层,大大提高工作效率。

执行"图层→重命名图层"命令,图层名称会进入可编辑状态,如图 2 – 114 所示,此时输入需要的名称即可,如图 2 – 115 所示。另外,在"图层"面板中,直接双击图层名称,也可以对图层进行重命名操作。

图 2 –114 图层可编辑状态

图 2 –115 重命名图层

4. 修改选区

在 Photoshop CS6 中,可以执行"选择→修改"命令对选区进行各种修改,主要包括"边界""平滑""扩展""收缩""羽化"。对它们的具体讲解如下：

（1）创建边界选区

在图像中创建选区，如图 2 – 116 所示，执行"选择→修改→边界"命令，可以将选区的边界向内部和外部扩展。在"边界选区"对话框中，"宽度"用于设置选区扩展的像素值，例如，将"宽度"设置为 30 像素时，原选区会分别向外和向内扩展 15 像素，如图 2 – 117 所示。

图 2 – 116　创建选区　　　　　　　　　图 2 – 117　创建边界选区效果

（2）平滑选区

创建选区后，执行"选择→修改→平滑"命令，打开"平滑选区"对话框，在"取样半径"选项中设置数值，可以让选区变得更加平滑。

使用"魔棒工具"或"色彩范围"命令选择对象时，选区边缘往往较为生硬，可以使用"平滑"命令对选区边缘进行平滑处理。

（3）扩展与收缩选区

创建选区后，如图 2 – 118 所示，执行"选择→修改→扩展"命令，打开"扩展选区"对话框，输入"扩展量"可以扩展选区范围，如图 2 – 119 所示。单击"确定"按钮，效果如图 2 – 120 所示。

图 2 – 118　创建选区

图 2 – 119　"扩展选区"对话框　　　　　　图 2 – 120　扩展选区效果

执行"选择→修改→收缩"命令，可以收缩选区范围，对话框设置如图 2 – 121 所示。单击"确定"按钮，效果如图 2 – 122 所示。

图2-121　"收缩选区"对话框　　　　图2-122　收缩选区效果

（4）羽化选区

羽化是通过建立选区和选区周围像素之间的转换边界来模糊边缘的，这种模糊方式会丢失选区边缘的一些图像细节。羽化选区共有两种方式：第一种是在选项栏中输入数值；第二种是通过菜单栏中的"修改"命令羽化选区。具体介绍如下：

● 在选项栏中设置羽化。在绘制选区之前，在选项栏中输入羽化的数值，即可模糊选区边缘。例如，设置羽化值为30像素，绘制一个矩形选框，将该选框填充为黑色，即可看到羽化后的效果。图2-123所示即羽化前后的对比。

　　　　未羽化　　　　　　　　　　　　羽化后

图2-123　羽化前后对比

注意：

设置羽化必须在绘制选区之前，若在绘制选区后设置羽化，则不会产生羽化效果。

● 通过修改命令设置羽化。"羽化"命令（或按【Shift+F6】组合键）用于对选区进行羽化。图2-124所示为创建的选区，执行"选择→修改→羽化"命令，打开"羽化"对话框，设置"羽化半径"值为20像素，如图2-125所示。然后按【Ctrl+J】组合键选取图像，隐藏"背景"图层，查看选取的图像，效果如图2-126所示。

图2-124　创建选区

图 2 – 125　"羽化选区"对话框　　　　　　　图 2 – 126　羽化后选取的图像

　　值得注意的是,在执行"选择→修改→羽化"命令设置羽化半径时,只能在画布中已存在选区的情况下进行设置,若画布中不存在选区,则该命令呈现为灰色,如图 2 – 127 所示,即不能被执行。

　　脚下留心:

　　如果选区较小而羽化半径设置得较大时,会弹出一个羽化警告框,如图 2 – 128 所示。单击"确定"按钮,表示确认当前设置的羽化半径,这时选区可能变得非常模糊,以至于在画面中看不到,但是选区仍然存在。如果不想出现该警告,应减少羽化半径或增大选区的范围。

图 2 – 127　不可被执行的命令　　　　　　　图 2 – 128　羽化警告框

5. 选区的布尔运算

　　在数学中,可以通过加减乘除来进行数字的运算。同样,选区中也存在类似的运算,称为"布尔运算"。布尔运算是在画布中存在选区的情况下,使用选框、套索或者魔棒等工具创建选区时,新选区与现有选区之间的运算。通过布尔运算,使选区与选区之间进行相加、相减或相交,从而形成新的选区。

　　布尔运算有两种运算方式:其一是通过"选框工具""套索工具""魔棒工具"等选项栏中的布尔运算按钮进行设置,如图 2 – 129 所示;其二是通过执行"选择→载入选区"命令,在

"载入选区"对话框中进行设置,如图 2 – 130 所示。

图 2 – 129　布尔运算按钮　　　　　　　　图 2 – 130　"载入选区"对话框

(1)通过选项栏进行运算

通过选项栏进行运算的方式适用于同时在一个图层中的选区的布尔运算。在一个图层上绘制选区后,单击选项栏中的按钮,即可对原选区进行操作。在 Photoshop CS6 中,选区工具的选项栏包含四个按钮,从左到右依次为新选区、添加到选区、从选区减去、与选区交叉。

● 新建选区▓。"新建选区"按钮为所有选区工具的默认选区编辑状态。单击"新建选区"按钮后,如果画布中没有选区,则可以创建一个新的选区。但是,如果画布中存在选区,则新创建的选区会替换原有的选区。

● 添加到选区▓。"添加到选区"可在原有选区的基础上添加新的选区。单击"添加到选区"按钮(或按住【Shift】键),绘制一个选区后,再绘制另一个选区,则两个选区同时保留,如图 2 – 131 所示。如果两个选区之间有交叉区域,则会形成叠加在一起的选区,如图 2 – 132 所示。

图 2 – 131　添加到选区　　　　　　　　　图 2 – 132　叠加选区

● 从选区中减去▓。"从选区中减去"可在原有选区的基础上减去新的选区。单击"从选区中减去"按钮(或按住【Alt】键),可在原有选区的基础上减去新创建的选区部分,如图 2 – 133 所示。

● 与选区交叉▓。"与选区交叉"用来保留两个选区相交的区域。单击"与选区交叉"按钮(或按【Alt + Shift】组合键),画面中只保留原有选区与新创建的选区相交的部分,如图 2 – 134 所示。

图 2 – 133　从选区中减去　　　　　　　　图 2 – 134　与选区交叉

（2）通过"载入选区"对话框进行运算

通过"载入选区"对话框进行运算适用于不同图层中选区的布尔运算，在 Photoshop CS6 中，"载入选区"对话框中包含四个选项，从上到下依次为新建选区、添加到选区、从选区中减去、与选区交叉，这四个选项的功能分别与选项栏中的四个按钮相对应。当用户想将不同图层内的元素进行布尔运算时，首先选中一个图层，执行"选择→载入选区"命令，在打开的对话框中选择"新建选区"单选按钮，单击"确定"按钮后载入选区；其次选择要进行布尔运算的图层，执行"选择→载入选区"命令，在打开的对话框中选择对应选项进行布尔运算即可。

2.4　【案例 4】沙漠绿洲

"变形"命令可以将图像的形态发生变化，通常用于图像处理。本节将通过对素材图像"沙漠""绿洲""大老虎"进行处理及变形，得到一个"沙漠绿洲"效果，如图 2 – 135 所示。通过本案例的学习，应掌握"魔棒工具""套索工具"等选区工具的使用。

图 2 – 135　沙漠绿洲展示

实现步骤

1. 调整素材

Step 01 打开素材图片"沙漠 . jpg"，如图 2 – 136 所示。

Step 02 选择"套索工具" ，在图 2 – 137 所示的位置按住鼠标左键拖动，当鼠标指针到达起始点时释放鼠标即可看到选区，如图 2 – 138 所示。

图 2 - 136 "沙漠"素材

图 2 - 137 使用"套索工具"在图像上拖动

图 2 - 138 选取后的选区

Step 03 右击,在弹出的快捷菜单中选择"填充"命令,打开"填充"对话框,如图 2 - 139 所示。

Step 04 在"使用"下拉列表中选择"内容识别"选项,单击"确定"按钮,得到图 2 - 140 所示的效果图(在实际操作中,不一定会出现图 2 - 140 所示的效果图,效果随机出现)。

图 2 - 139 "填充"对话框

图 2 - 140 内容识别效果图

Step 05 重复 Step03 和 Step04 的步骤,去除大石头,如图 2 - 141 所示。

图 2－141　去除大石头

Step 06 打开素材"绿洲．jpg"，如图 2－142 所示。

图 2－142　"绿洲"素材

Step 07 选择"魔棒工具" ，在选项栏中勾选"连续"复选框并设置"容差"为 32，在"绿洲"所在图层的天空上单击，按住【Shift】键继续单击，直到选取全部天空。

Step 08 选择"矩形选框工具" ，按住【Alt】键，将图 2－143 红框标示的选区减选（直至将多余选区减选为止）；执行"选择→反向"命令（或按【Ctrl＋Shift＋I】组合键），将选区反向，如图 2－144 所示。

图 2－143　绘制选区

图 2－144　反向选区

Step 09 按【Ctrl + J】组合键复制图层中的选区内容到新图层,得到"图层 1",使用"移动工具" ✛ 将其移动到"沙漠"画布中,调整位置后如图 2 - 145 所示。

图 2 - 145 导入"绿洲"并调整位置

Step 10 打开素材"大老虎 . jpg",如图 2 - 146 所示,使用"魔棒工具" 🪄 在背景中按住【Shift】键的同时单击,得到图 2 - 147 所示的效果。

图 2 - 146 "大老虎"素材

图 2 - 147 运用魔棒工具绘制选区

Step 11 选择"缩放工具" 🔍,在画布中单击,放大图像,再使用"抓手工具" ✋ 移动画布的位置,以方便观察图像。

Step 12 选择"套索工具" ⟳,按住【Shift】键在图中未选中的区域进行框选,如图 2 - 148 所示。框选后的效果如图 2 - 149 所示。

Step 13 继续使用"套索工具"调整选区,最终将绿色的背景图全部框选,按【Ctrl + Shift + I】组合键将选区反选,按【Ctrl + J】组合键复制图层。使用"移动工具" ✛ 将其移动到"沙漠"画布中,调整位置及大小后的效果如图 2 - 150 所示。

图 2 – 148　使用"套索工具"框选选区

图 2 – 149　框选后的选区

图 2 – 150　导入"大老虎"并调整位置和大小

2. 拼合图像

Step 01　选中"绿洲"所在图层,选择"橡皮擦工具" ,在其选项栏中将笔刷"硬度"调整为 0,笔刷"大小"设为 600 像素(笔刷大小可根据需要自行调整),在"绿洲"下方进行涂抹,效果如图 2 – 151 所示。

图 2 – 151　抹掉多余像素

Step 02　继续选择"橡皮擦工具" ,将笔刷"大小"调整为 70,在图 2 – 152 所示的位置轻轻涂抹,去除蓝色的边。

图 2 – 152　去除蓝色的边

Step 03 选中"老虎"所在的图层,按【Ctrl + J】组合键复制图层,按【Ctrl + T】组合键调出定界框并右击,在弹出的快捷菜单中选择"垂直翻转"命令,移动其位置至如图 2 - 153 所示。

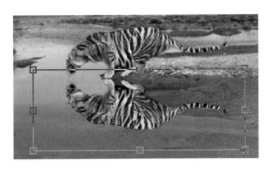

图 2 - 153　垂直翻转图像

Step 04 继续右击,在弹出的快捷菜单中选择"斜切"命令,将鼠标指针放置在定界框左边边点处并向上拖动,如图 2 - 154 所示,按【Enter】键确认变换。

图 2 - 154　斜切图像

Step 05 选择"橡皮擦工具" ,将笔刷"大小"调整为 50,在老虎的身体部位进行涂抹,以制作老虎的倒影,效果如图 2 - 155 所示。

Step 06 选择"裁剪工具" ,弹出裁剪框,将鼠标指针放置在图像下方,当鼠标指针变成 时,向上拖动鼠标进行裁剪,如图 2 - 156 所示。

图 2 - 155　擦除老虎身体多余部位

图 2 - 156　裁剪框

知识点讲解

1. 魔棒工具

"魔棒工具" 是基于色调和颜色差异来构建选区的工具,它可以快速选择色彩变化不大,且色调相近的区域。选择"魔棒工具"(或按快捷键【W】),在图像中单击,如图 2 - 157 所示,则与单击点颜色相近的区域都会被选中,如图 2 - 158 所示。

图 2 - 157　使用"魔棒工具"单击图像　　　　图 2 - 158　选中的区域

图 2 - 159 所示为"魔棒工具"选项栏,通过"容差"和"连续"复选框可以控制选区的精确度和范围。

图 2 - 159　"魔棒工具"选项栏

对"容差"和"连续"复选框的讲解如下:

- 容差:是指容许差别的程度。在选择相似的颜色区域时,容差值的大小决定了选择范围的大小,容差值越大则选择的范围越大,如图 2 - 160 和图 2 - 161 所示。容差值默认为 32,用户可根据选择的图像不同而增大或减小容差值。

图 2 - 160　容差值为 20 的图像　　　　图 2 - 161　容差值为 80 的图像

- 连续:勾选此复选框时,只选择颜色连接的区域,如图 2 - 162 所示。取消勾选此复选框时,可以选择与单击点颜色相近的所有区域,包括没有连接的区域,如图 2 - 163 所示。

图 2 - 162　勾选"连续"复选框时的效果

图 2 - 163　未勾选"连续"复选框时的效果

2. 套索工具

使用"套索工具" 可以创建不规则的选区。选择"套索工具"（或按快捷键【L】），在图像中按住鼠标左键不放并拖动鼠标，释放鼠标后，选区即创建完成，如图 2 - 164 和图 2 - 165 所示。

图 2 - 164　创建选区

图 2 - 165　创建选区后的效果

使用"套索工具"创建选区时，若光标没有回到起始位置，释放鼠标后，终点和起点之间会自动生成一条直线来闭合选区。未释放鼠标之前按【Esc】键可取消选定。

3. 多边形套索工具

Photoshop CS6 提供了"多边形套索工具" ，用来创建一些不规则选区。在工具箱中选择"套索工具" 后并右击，会弹出套索工具组，如图 2 - 166 所示。

图 2 - 166　套索工具组

选择"多边形套索工具"后，鼠标指针会变成 形状，在画布中单击确定起始点。接着，拖动鼠标指针至目标方向处依次单击，可创建新的节点，形成曲线，如图 2 - 167 所示。然后，拖动鼠标指针至起始点位置，当终点与起点重合时，鼠标指针状态变为 时，再次单击，即可创建一个闭合选区，如图 2 - 168 所示。

使用"多边形套索工具"创建选区时，有一些实用的小技巧，具体如下：

- 未闭合选区的情况下，按【Delete】或【Backspace】键可删除当前节点，按【Esc】键可删除所有节点。

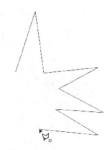

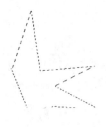

图 2 - 167　绘制中的多边形选区　　　　　　　　　图 2 - 168　闭合的多边形选区

● 按住【Shift】键不放,可以沿水平、垂直或 45°方向创建节点。

打开素材图像"城市天空. jpg",如图 2 - 169 所示。选择"多边形套索工具",在高楼的任一楼顶处单击创建起点,拖动鼠标,在每一个转折处依次单击创建节点,待终点与起点重合时,即可形成天空选区,效果如图 2 - 170 所示。

图 2 - 169　"城市天空"素材　　　　　　　　　图 2 - 170　创建选区

4. 抓手工具

当图像尺寸较大,或者由于放大窗口的显示比例而不能显示全部图像时,窗口中将自动出现垂直或水平滚动条。如果要查看图像的隐藏区域,使用滚动条既不准确又比较麻烦。这时,可以使用"抓手工具"进行画面的移动。

选择"抓手工具"(或按快捷键【H】),鼠标指针变为,在画面中按住鼠标左键不放并拖动,可以平移图像在窗口中的显示内容,以观察图像窗口中无法显示的内容,如图 2 - 171 所示。

注意:

在使用其他工具时,按住空格键不放,鼠标指针变为,即可快速实现抓手工具的切换。释放空格键,即可切换回原工具的使用状态。

5. 缩放工具

编辑图像时,为了查看图像中的细节,需要对图像在屏幕中的显示比例进行放大或缩小,这时就需要用到"缩放工具"。选择"缩放工具"(或按快捷键【Z】),当鼠标指针变为形状时在图像窗口中单击,即可放大图像到下一个预设百分比;按住【Alt】键的同时单击,可以缩小图像到下一个预设百分比。

图 2 – 171　平移视图

在 Photoshop CS6 中编辑图像时,有一些缩放图像的小技巧,具体如下:

- 按【Ctrl + 加号】组合键,能以一定的比例快速放大图像。
- 按【Ctrl + 减号】组合键,能以一定的比例快速缩小图像。
- 按【Ctrl + 1】组合键,能使图像以 100% 的比例(即实际像素)显示。

选择"缩放工具"后,按住鼠标左键不放,在图像窗口中拖动,可以将选中区域局部放大。

6. 全选与反选

执行"选择→全部"命令(或按【Ctrl + A】组合键),可以选择当前文档边界内的全部图像,如图 2 – 172 所示。

如果需要复制整个图像,可以执行该命令,再按【Ctrl + C】组合键。如果文档中包含多个图层,则可按【Ctrl + Shift + C】组合键(合并复制)。

创建选区之后,执行"选择→反向"命令(或按【Ctrl + Shift + I】组合键),可以反转选区。如果需要选择的对象的背景色比较简单,则可以先用魔棒等工具选择背景,如图 2 – 173 所示,再按【Ctrl + Shift + I】组合键反转选区,将对象选中,如图 2 – 174 所示。

图 2 – 172　全选

图 2 – 173　使用"魔棒工具"选择背景

图 2 – 174　反选对象

7. 变形操作

按【Ctrl + T】组合键调出图像的定界框,可以对图像进行"缩放"和"旋转"变换。在 Photoshop CS6 中除了"缩放""旋转"外,还可以对图像进行"斜切""扭曲""透视""变形"操作。一般情况下,称"缩放"与"旋转"为变换操作,称"斜切""扭曲""透视"与"变形"为变形操作。

(1)斜切

按【Ctrl + T】组合键调出图像定界框并右击,在弹出的快捷菜单中选择"斜切"命令,将鼠标指针置于定界框外侧,鼠标指针会变为↔或↕状,按住鼠标左键不放并拖动可以沿水平或垂直方向斜切对象,如图 2 – 175 所示。

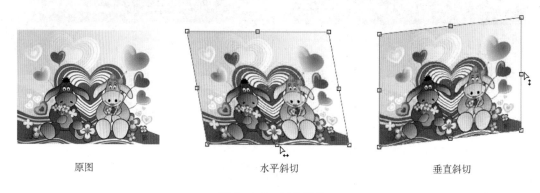

原图   水平斜切   垂直斜切

图 2 – 175   斜切图像

(2)扭曲

按【Ctrl + T】组合键调出图像的定界框并右击,在弹出的快捷菜单中选择"扭曲"命令,将鼠标指针放在定界框的角点或边点上,鼠标指针会变为▷状,按住鼠标左键不放并拖动可以扭曲对象,如图 2 – 176 所示。

(3)透视

按【Ctrl + T】组合键调出定界框并右击,在弹出的快捷菜单中选择"透视"命令,将鼠标指针放在定界框的角点或边点上,鼠标指针会变为▷状,按住鼠标左键不放并拖动可进行透视变换,如图 2 – 177 所示。

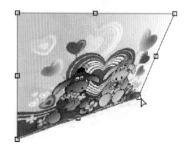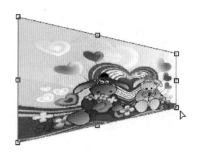

图 2 – 176   扭曲图像   图 2 – 177   透视图像

（4）变形

按【Ctrl + T】组合键调出图像的定界框并右击,在弹出的快捷菜单中选择"变形"命令,画面中将显示网格,将鼠标指针放在网格内,鼠标指针变为▷状,按住鼠标左键不放并拖动可进行变形变换,如图 2 – 178 所示。

图 2 – 178　变形图像

注意,在确定"斜切""扭曲""透视""变形"操作前,按【Esc】键可以取消操作。

8. 橡皮擦工具

"橡皮擦工具"▧(或按快捷键【E】)用于擦除图像中的像素。如果处理的是"背景"图层或锁定了透明区域(单击"图层"面板中的▨按钮)的图层,涂抹区域会显示为背景色,如图 2 – 179 所示;处理其他图层时,则可擦除涂抹区域的像素,如图 2 – 180 所示。

图 2 – 179　擦除"背景"图层　　　　　　　　图 2 – 180　擦除普通图层

选择"橡皮擦工具"时,其"工具"选项栏如图 2 – 181 所示。

图 2 – 181　"橡皮擦工具"选项栏

图 2 – 181 展示了"橡皮擦工具"的相关选项,下面对一些常用选项的解释如下:

- :单击该按钮右侧的 图标,在弹出的列表框中输入相应的数值,可对橡皮擦的笔尖形状、笔刷大小和硬度进行设置。
- 模式:用于设置橡皮擦的种类。选择"画笔",可创建柔边擦除效果;选择"铅笔",可创建硬边擦除效果;选择"块",擦除的效果为块状。
- 抹到历史记录:勾选该复选框后,"橡皮擦工具"就具有历史记录画笔的功能,可以有选择地将图像恢复到指定步骤。

9. 裁剪工具

在对数码照片或者扫描的图像进行处理时,经常需要裁剪图像,以便删除多余的内容,使画面的构图更加完美。"裁剪工具" 可以对图像进行裁剪,重新定义画布的大小。

选择"裁剪工具"(或按快捷键【C】),画面的四周会出现边框(类似于自由变换中的定界框)。将鼠标指针定位在边框的边点或角点处,向内拖动,会发现边框以外的区域变成灰色,如图 2 - 182 所示。选择"移动工具" ,在弹出的对话框中单击"裁剪"按钮,即可完成图像的裁切,效果如图 2 - 183 所示。

图 2 - 182 裁剪图像

图 2 - 183 裁剪图像效果

值得一提的是,在"裁剪"图像时,除了可以通过控制裁剪框的范围来调整图像的范围外,还可按住鼠标左键不放进行拖动,以框选的方式来确定目标图像范围。

图 2 - 184 所示为"裁剪工具"选项栏,其中常用的参数及其作用如表 2 - 3 所示。

图 2 - 184 "裁剪工具"选项栏

表 2 - 3 "裁切工具"选项说明

序　号	参　数	说　明
①	裁剪方式	包括"不受约束""原始比例"等选项,用户可以输入宽度、高度和分辨率等,裁剪后图像的尺寸由输入的数值决定

续表

序　号	参　数	说　　明
②	拉直	单击该按钮,可以通过在图像上画一条线来拉直该图像,常用于校正倾斜的图像
③	视图	设置裁剪工具视图选项
④	删除裁剪的像素	取消勾选该复选框,Photoshop CS6 会将裁剪工具裁掉的部分保留,可以随时还原;如果勾选"删除裁剪的像素"复选框,将不再保留裁掉的部分

注意:

如果在裁剪框上向外拖动鼠标,可增大画布,且增大的画布区域的颜色为当前的背景色。

动手实践

请使用图 2-185,制作图 2-186 所示的几何海报。

图 2-185　文字素材

图 2-186　几何海报

扫描下方的二维码,可查看实现过程。

第**3**章

矢量工具与文字工具

学习目标

◆ 掌握钢笔工具的使用,能够熟练运用钢笔工具绘制路径。

◆ 掌握形状工具的使用,能够绘制基本形状和应用布尔运算。

◆ 掌握辅助工具,学会运用标尺和创建参考线。

◆ 掌握文字工具的基本操作,会对文字属性进行基本设置。

Photoshop CS6 虽然是一款功能强大的位图绘制软件,但是同样具备绘制矢量图形的功能。在 Photoshop CS6 中内置了各种各样的矢量图形绘制工具,如"椭圆工具""钢笔工具"等。本章将针对矢量图形绘制工具与文字工具进行详细讲解。

3.1 【案例 5】女鞋 Banner

Banner 的中文意思是"横幅广告",是网络广告最早采用的形式,也是目前最常见的形式。本节将制作一个女鞋的 Banner,其效果如图 3-1 所示。通过本案例的学习,读者应掌握"钢笔工具"的基本应用。

图 3-1 "女鞋 Banner"效果展示

✕ 实现步骤

1. 抠取主体素材

Step 01 依次打开素材图像"鞋子"和"背景",如图 3-2 和图 3-3 所示。

图 3-2　素材图像"鞋子"

图 3-3　素材图像"背景"

Step 02 选择"鞋子"窗口,选择"钢笔工具" 🖋,在选项栏中设置"工具模式"为路径。选择"缩放工具" 🔍,放大图像的显示比例,如图 3-4 所示。

Step 03 选择"钢笔工具" 🖋,将鼠标指针移至图像边沿区域,定位路径的起始锚点,如图 3-5 所示。

图 3-4　放大图像

图 3-5　建立锚点

Step 04 在第一个锚点附近单击,同时按住鼠标左键不放并拖动,建立一个"平滑点",两个锚点之间会形成一条曲线路径,如图 3-6 所示。

Step 05 选择"直接选择工具" ▶(或按住【Ctrl】键),调整"平滑点"的方向线,使路径紧贴鞋子的边缘,如图 3-7 所示。

图 3-6　建立平滑点

图 3-7　调整平滑点

Step 06 按住【Alt】键的同时，单击新建的"平滑点"，将其转换为"角点"，如图3-8所示。

Step 07 按照上述创建和调整锚点的方法，沿鞋子及其投影的轮廓绘制路径。绘制完成的效果如图3-9所示。

图3-8 平滑点的转换   图3-9 绘制路径

Step 08 选择"路径"面板，如图3-10所示。单击 按钮，在弹出的面板菜单中选择"建立选区"命令，打开图3-11所示的"建立选区"对话框，设置"羽化半径"为2像素，单击"确定"按钮（或按【Ctrl+Enter】组合键将路径转换为选区，然后再羽化选区）。

 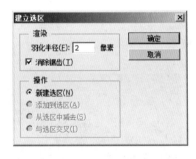

图3-10 "路径"面板   图3-11 "建立选区"对话框

Step 09 选择"移动工具" ，将选区中的图像移动至"背景"文件中，将得到的图层命名为"鞋子"，并转换为智能对象，如图3-12所示。

Step 10 按【Ctrl+T】组合键调出定界框，调整图像至合适大小，如图3-13所示，按【Enter】键确认自由变换。

 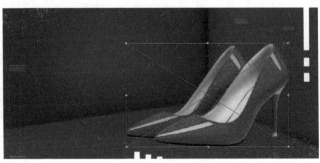

图3-12 将图层转换为智能对象   图3-13 调整图像大小

2. 输入文字内容

Step 01 选择"横排文字工具"，在选项栏中设置"字号样式"为 Bold、字体大小为 92 点、字体颜色为白色。在画布上创建定界框并输入文字内容"精品女鞋 优雅之选"，效果如图 3 – 14 所示。

图 3 – 14 输入主体文字内容

Step 02 选中"优雅"两字，如图 3 – 15 所示，为文字填充黄色(RGB:255,210,0)，再按【Ctrl + Enter】组合键提交编辑，效果如图 3 – 16 所示。

图 3 – 15 选择文字内容

图 3 – 16 设置文字颜色

Step 03 按照 Step01 和 Step02 的方法继续输入文字，大小及颜色如图 3 – 17 所示。

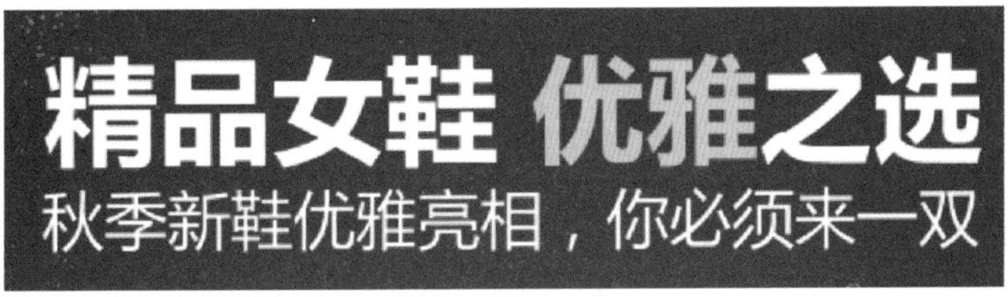

图 3 – 17 继续输入文字

Step 04 选择"横排文字工具"，在画布上单击，输入文字内容"新款特价"，设置字号大小为 26 点。

Step 05 选择"吸管工具"，在"优雅"文本上单击，吸取颜色，如图 3 – 18 所示，按【Alt

+ Delete】组合键填充前景色,效果如图 3 – 19 所示。

图 3 – 18　吸取颜色　　　　　　　　　　图 3 – 19　为文字填充颜色

Step 06　继续输入文字,具体文字及样式如图 3 – 20 所示。

Step 07　选择"矩形工具",在其选项栏中设置"填充"为无、"描边宽度"为 1 像素、描边颜色为白色,在画布中绘制矩形,并将其移动至图 3 – 21 所示的位置。

图 3 – 20　继续入文字　　　　　　　　　图 3 – 21　绘制矩形

Step 08　按【Ctrl + Shift + S】组合键,以名称"【案例 5】女鞋 Banner. Psd"保存文件至指定文件夹。

知识点讲解

1. 钢笔工具

"钢笔工具"用于绘制自定义的形状或路径。选择"钢笔工具",在其选项栏中设置相应的工具模式,即可在画布中绘制形状或路径,如图 3 – 22 和图 3 – 23 所示。

图 3 – 22　绘制形状　　　　　　　　　　图 3 – 23　绘制路径

使用"钢笔工具"绘制路径,可分为绘制直线路径和绘制曲线路径。

(1)绘制直线路径

选择"钢笔工具",在图像的绘制窗口内单击,可创建路径的第一
个锚点。在该锚点附件再次单击,两个锚点之间即会形成一条直线
路径,如图 3 - 24 所示。

另外,在绘制直线路径时,按住【Shift】键不放,可绘制水平线段、
垂直线段或 45°倍数的斜线段。

(2)绘制曲线路径

使用"钢笔工具"绘制曲线路径时,可以通过单击并拖动鼠标的
方法直接创建曲线。选择"钢笔工具",创建路径的第一个锚点,在该

图 3 - 24　绘制直线路径

锚点附近再次单击并拖动鼠标创建一个"平滑点",两个锚点之间会形成一条曲线路径,如
图 3 - 25 所示。

使用"钢笔工具"绘制曲线路径时,按住【Ctrl】键不放,会将"钢笔工具"暂时变为"直接
选择工具" ,可以调整曲线路径的弧度,如图 3 - 26 所示。

按住【Alt】键不放,会暂时将"钢笔工具"转换为"转换点工具" 。这时单击"平滑点"
可将其转换为"角点",如图 3 - 27 所示。

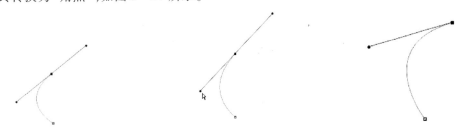

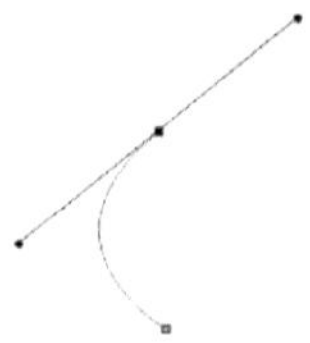

图 3 - 25　绘制曲线路径　　　　图 3 - 26　调整曲线路径　　　　图 3 - 27　锚点转换

2. 路径和锚点

(1)路径

通过前面案例的学习,会发现使用形状工具绘制的图形,边缘会有一圈明显的"细线",
如图 3 - 28 所示的正六边形。

这些绘制时产生的线段被称为"路径"。路径的绘制方法与矢量图形类似,选择形状工具,
然后在其选项栏中单击"工具模式"按钮,在弹出的下拉列表中选择"路径"选项,按住鼠标左键
不放在窗口中拖动,即可绘制路径,如图 3 - 29 所示。

图 3 - 28　正六边形

图 3 - 29　绘制路径

（2）锚点

说到"路径"就不得不提到"锚点"，所谓锚点，是指路径上用于标记关键位置的转换点。路径通常由一条或多条直线段或曲线段组成，线段的起始点和结束点由"锚点"标记，如图 3－30 所示。

选择"路径选择工具" ，在绘制的路径上单击，即可显示该路径以及路径上的所有锚点。

注意：

路径可以是闭合的，也可以是开放的。

3. 调整路径

当绘制的路径或形状不符合需求时，可以使用"直接选择工具" 对路径进行调整。右击"路径选择工具" ，在弹出的工具组中选择"直接选择工具"，如图 3－31 所示。

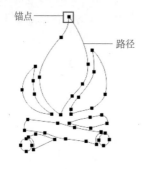

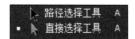

图 3－30　路径和锚点　　　　　　　　　图 3－31　选择"直接选择工具"

使用"直接选择工具"单击一个锚点，即可选中该锚点。被选中的锚点为实心方块，未选中的锚点为空心方块，如图 3－32 所示。

用鼠标拖动已选中的锚点或使用【→】【←】【↑】【↓】方向键可以移动锚点，从而调整相应的路径，如图 3－33 所示。

图 3－32　选择锚点　　　　　　　　　　图 3－33　调整路径

4. 添加和删除锚点

在图形制作中，如果绘制的路径存在误差，就需要对其进行修改和调整，这时就会用到 Photoshop 中的添加锚点和删除锚点工具。

（1）添加锚点工具

使用"添加锚点工具" 可以在路径中添加锚点。将"钢笔工具"移动到已创建的路径上,若当前没有锚点,则"钢笔工具" 会临时转换为"添加锚点工具",使用该工具在路径上单击即可添加一个锚点,如图 3 - 34 所示。

此外,还可以在钢笔工具组中直接选择"添加锚点工具"。右击"钢笔工具",在弹出的工具组中选择"添加锚点工具",如图 3 - 35 所示。

图 3 - 34　添加锚点

图 3 - 35　选择"添加锚点工具"

（2）删除锚点工具

"删除锚点工具" 用于删除路径上已经存在的锚点。将"钢笔工具"放在路径的锚点上,"钢笔工具"会临时转换为"删除锚点工具",单击锚点即将其删除,效果如图 3 - 36 所示。

此外,还可以在钢笔工具组中选择"删除锚点工具"。右击"钢笔工具",在弹出的工具组中选择"删除锚点工具",如图 3 - 37 所示。

图 3 - 36　删除锚点

图 3 - 37　选择"删除锚点工具"

5. 转换点工具

在 Photoshop CS6 中通过"转换点工具" 可以实现"平滑点"和"角点"之间的相互转换。选择路径后,选择"转换点工具",将鼠标指针移至要转换的锚点上,即可在角点与平滑点之间进行转换。

● 将"平滑点"转换为"角点":直接在"平滑点"上单击,即可将"平滑点"转换成"角点",如图 3 - 38 所示。

图 3 - 38　平滑点转换为角点

- 将"角点"转换为"平滑点"：按住鼠标左键不放，拖动鼠标，即可将"角点"转换为"平滑点"，如图 3 – 39 所示。

图 3 – 39 角点转换为平滑点

在使用"钢笔工具"时，按住【Alt】键不放，可将"钢笔工具"临时转换为"转换点工具"。

6. 吸管工具

在图像处理的过程中，经常需要从图像中获取某处的颜色，这时就需要用到"吸管工具" 。选择"吸管工具"（或按【I】键），如图 3 – 40 所示。将鼠标指针移动至文档窗口，当指针呈 形状时在取样点单击，工具箱中的前景色就会替换为取样点的颜色，如图 3 – 41 所示。

图 3 – 40 选择"吸管工具"

图 3 – 41 吸取前景色

值得一提的是，使用"吸管工具"时，按住【Alt】键的同时单击，可以将单击处的颜色拾取为背景色。

7. 输入点文本和段落文本

使用"横排文字工具"或"直排文字工具"可以在图像中输入文本或创建文本形状的选区。下面通过使用"横排文字工具"创建点文本和段落文本来学习文字工具组的基本操作。

（1）创建点文本

打开素材图像"自行车 . jpg"，选择"横排文字工具"，在选项栏中设置各项参数，如图 3 – 42 所示。在图像窗口中单击，会出现一个闪烁的光标，此时，进入文本编辑状态，在窗口中输入文字，如图 3 – 43 所示。单击选项栏上的"提交当前所有编辑"按钮 （或按【Ctrl + Enter】组合键），完成文字的输入，如图 3 – 44 所示。

图 3 – 42 "横排文字工具"选项栏

图 3 - 43　在窗口中输入文字　　　　图 3 - 44　文字创建完成

（2）创建段落文本

打开素材图像"下雨天.jpg"，选择"横排文字工具"，在选项栏中设置各项参数，如图 3 - 45 所示。在画布上，按住鼠标左键并拖动，将创建一个定界框，其中会出现一个闪烁的光标，如图 3 - 46 所示。在定界框内输入文字，如图 3 - 47 所示。按【Ctrl + Enter】组合键，完成段落文本的创建，效果如图 3 - 48 所示。

图 3 - 45　"横排文字工具"选项栏

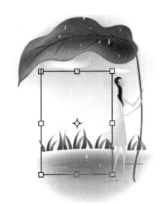

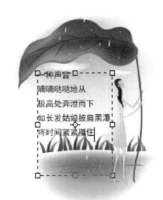

图 3 - 46　创建定界框　　　　图 3 - 47　输入文字　　　　图 3 - 48　段落文本创建完成

注意：

在输入文本前，若选择"直排文字工具"，则输入的文本会按垂直方向排列。完成文字的输入后，单击选项栏上的"提交当前所有编辑"按钮✓确认输入。此时，按住【Ctrl】键的同时拖动鼠标可以移动文本。若在输入文本后单击选项栏中的 ⊘ 按钮，则取消输入的文本内容。

8. 文字工具选项栏

在图像设计中，文字的使用非常广泛。Photoshop CS6 提供了四种输入文字的工具，分别是横排文字工具 T、直排文字工具 ↓T、横排文字蒙版工具 T 和直排文字蒙版工具 ↓T，如图 3 - 49 所示。

图 3 - 49　文字工具组

其中"横排文字工具"和"直排文字工具"用于创建点文字、段落文字。"横排文字蒙版工具"和"直排文字蒙版工具"用于创建文字形状的选区。

选择"横排文字工具"（也可以选择"直排文字工具"创建直排文字），其选项栏如图 3 – 50 所示。在该选项栏中，可以设置文字的字体、字号及颜色等。

图 3 – 50　"横排文字工具"选项栏

其中，各选项说明如下：

- "切换文本取向"按钮：可将输入好的文字在水平方向和垂直方向之间切换。
- "设置字体系列"：单击下拉按钮，可以进行文字字体的选择。
- "设置字号大小"：单击下拉按钮，可选择文字字号大小，也可直接输入数值。
- "设置消除锯齿的方式"：用来设置是否消除文字的锯齿边缘，以及用什么方式消除文字的锯齿边缘。
- "设置文本对齐"按钮：用来设置文字的对齐方式。
- "设置字体颜色"按钮：单击该按钮即可打开"拾色器（字体颜色）"对话框，用来设置文字的颜色。
- "创建文字变形"按钮：单击该按钮即可打开"变形文字"对话框。
- "切换字符和段落面板"按钮：单击该按钮即可隐藏或显示"字符"和"段落"面板。

多学一招：如何安装字库

Photoshop CS6 中自带了常用的基本字体，但在实际的设计应用中，需要更多的字体来满足不同的设计需求。这时，就需要自己来安装字库。安装字库的方法如下：将准备好的字库复制到 C 盘 Windows 文件夹下的 Fonts 文件夹内，即可安装字库，重启 Photoshop CS6 后即可应用字体。

9. 设置文字属性

完成文字的输入后，如果发现文字的属性与整体效果不太符合时，就需要对文字的相关属性进行细节上的调整。在 Photoshop CS6 中，提供了专门的"字符"面板和"段落"面板，用于设置文字及段落的属性。

（1）"字符"面板

设置文字的属性主要是在"字符"面板中进行。执行"窗口→字符"命令（或在文字编辑状态按【Ctrl + T】组合键），即可打开"字符"面板，如图 3 – 51 所示。

其中，主要选项说明如下：

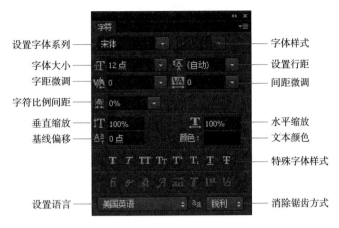

图 3-51　"字符"面板

- 设置行距:行距指文本中各个文字行之间的垂直间距,同一段落的行与行之间可以设置不同的行距。

- 字距微调:用来设置两个字符之间的间距,在两个字符间单击,调整参数。

- 间距微调:选择部分字符时,可调整所选字符间距;没有选择字符时,可调整所有字符间距。

- 字符比例间距:用于设置所选字符的比例间距。

- 水平缩放/垂直缩放:水平缩放用于调整字符的宽度,垂直缩放用于调整字符的高度。这两个百分比相同时,可进行对比缩放。

- 基线偏移:用于控制文字与基线的距离,可以升高或降低所选文字。

- 特殊字体样式:用于创建仿粗体、斜体等文字样式,以及为字符添加下画线、删除线等文字效果。

（2）"段落"面板

"段落"面板用于设置段落属性。执行"窗口→段落"命令,即可打开"段落"面板,如图 3-52 所示。

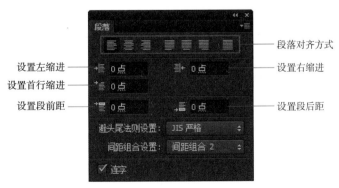

图 3-52　"段落"面板

其中,主要选项说明如下:

- 左缩进 ▶≣:横排文字从段落的左边缩进,直排文字从段落的顶端缩进。
- 右缩进 ≣◀:横排文字从段落的右边缩进,直排文字从段落的底部缩进。
- 首行缩进 ⁺≣:用于缩进段落中的首行文字。

10. 编辑段落文字

段落文字是以段落文本定界框来确定文字的位置与换行,在定界框中输入文字后,可以对其进行缩放、旋转和倾斜等操作。

(1)缩放段落定界框

在定界框中输入文本后,将鼠标指针移至段落定界框的右下方的角点上,如图 3-53 所示。当其变成 ↖ 形状时,拖动控制点即可放大或缩小定界框,如图 3-54 所示。

图 3-53　移至控制点上

图 3-54　缩小定界框

此时,定界框内的文字大小没有变化,而定界框内可以容纳的文字数目将会随着定界框的放大与缩小而变化。在缩放时按住【Shift】键可以保持定界框的比例,效果如图 3-55 所示。

(2)旋转、倾斜段落定界框

在定界框中输入文本后,将鼠标指针移至段落定界框角点的外面,当其变成 ↵ 形状时,拖动控制点即可旋转定界框,如图 3-56 所示。值得注意的是,按住【Shift】键的同时拖动鼠标,定界框会按 15° 的倍数角度进行旋转,如图 3-57 所示。如果需要改变旋转中心,可以按住【Ctrl】键的同时将中心移至想要放置的位置。

图 3-55　保持定界框的比例

图 3-56　旋转定界框

另外,按住【Ctrl+Shift】组合键的同时,将鼠标指针移至边点,指针变成 ▷ 时,拖动边点即可倾斜段落定界框,如图 3 – 58 所示。

图 3 – 57　按 15°旋转定界框

图 3 – 58　倾斜定界框

11. 标尺

在 Photoshop CS6 中,标尺属于辅助工具,不能直接编辑图像,但可以帮助用户更好地完成图像的选择、定位和编辑等操作。执行"视图→标尺"命令(或按【Ctrl + R】组合键),即可在画布中调出标尺,如图 3 – 59 所示。

在标尺上右击,在弹出的快捷菜单中可以对标尺的单位进行设置,以便更精确地编辑和处理图像,如图 3 – 60 所示。

图 3 – 59　显示标尺

图 3 – 60　设置标尺单位

12. 参考线

"参考线"也是 Photoshop CS6 的辅助工具之一,通过参考线可以更精确地绘制和调整图层对象。参考线的创建方法有两种,具体如下:

(1)快速创建参考线

将鼠标指针置于水平标尺上,如图 3 – 61 所示。按住鼠标左键不放并向下拖动,即可创建一条水平参考线。垂直参考线的创建方法和水平参考线类似,只是要将鼠标指针置于垂直标尺上。

(2)精确创建参考线

执行"视图→新建参考线"命令,打开图 3 – 62 所示的"新建参考线"对话框。

图 3 - 61　创建水平参考线

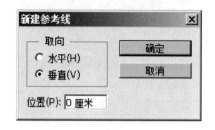

图 3 - 62　"新建参考线"对话框

其中,"取向"用于设置参考线的方向,"位置"用于确定参考线在画布中的精确位置。设定后单击"确定"按钮,即可在画布中建立一条参考线。

在运用参考线绘制调整图像时,有一些实用的小技巧,具体如下:

- 锁定和解除锁定参考线:执行"视图→锁定参考线"命令(或按快捷键【Ctrl + Alt + ;】)可锁定参考线;再次按快捷键【Ctrl + Alt + ;】可解除锁定参考线。
- 清除参考线:执行"视图→清除参考线"命令可清除参考线。
- 显示和隐藏参考线:执行"视图→显示"命令,在弹出的子菜单中选择"参考线"命令(或按快捷键【Ctrl + ;】)可显示创建的参考线;再次按快捷键【Ctrl + ;】可隐藏参考线。

3.2　【案例6】商业标签

与选区工具类似,形状工具也可以通过布尔运算得到新的形状。本节将通过一枚"商业标签"的制作,来学习"形状的布尔运算"和"多边形工具",案例效果如图 3 - 63 所示。

 实现步骤

1. 绘制商业标签外轮廓

Step 01　按【Ctrl + N】组合键,在"新建"对话框中设置"宽度"为 600 像素、"高度"为 600 像素、"分辨率"为 72 像素/英寸、"颜色模式"为 RGB 颜色、"背景内容"为白色,单击"确定"按钮。

图 3 - 63　"商业标签"效果图

Step 02　按【Ctrl + Shift + S】组合键,以名称"【案例6】商业标签 . psd"保存图像。

Step 03　设置前景色为玫红色(RGB:210、30、70),按【Alt + Delete】组合键,为"背景"层填充前景色。

Step 04　选择"圆角矩形工具" ,在选项栏中设置"工具模式"为形状、"填充"为白色、无描边。在画布中单击,在打开的"创建圆角矩形"对话框中设置"宽度"为 350 像素、"高度"为 500 像素、"半径"为 175 像素,单击"确定"按钮,完成"圆角矩形 1"的创建。选择"移动工具" ，将其移至画布中心，效果如图 3 - 64 所示。

Step 05 选择"矩形工具" ，在圆角矩形上方绘制一个矩形，得到"矩形 1"，效果如图 3 - 65 所示。

图 3 - 64　绘制标签外轮廓

图 3 - 65　绘制矩形

Step 06 在"图层"面板中选中"圆角矩形 1"和"矩形 1"，按【Ctrl + E】组合键，将其合并到同一图层。

Step 07 选择"路径选择工具" ，在画布中选中"矩形 1"，在选项栏的"路径操作" 中单击"减去顶层形状"按钮 ，此时画面效果如图 3 - 66 所示。

Step 08 在选项栏的"路径操作" 中单击"合并形状组件"按钮 ，此时画面效果如图 3 - 67 所示。选择"移动工具" ，调整"矩形 1"在画布中的位置。

图 3 - 66　"减去顶层形状"效果

图 3 - 67　"合并形状组件"效果

2. 绘制商业标签细节

Step 01 按【Ctrl + J】组合键，复制得到"矩形 1 副本"。选择"路径选择工具" ，在选项栏中设置其"填充"为无颜色、"描边"为玫红色（RGB：210、30、70）、"描边宽度"为 1 点、"描边类型"为虚线。

Step 02 按【Ctrl + T】组合键，将其缩小至图 3 - 68 所示的效果。

Step 03 选择"椭圆工具" ，在"图层"面板中选中"矩形 1"，在其左上角的位置绘制一个填充为白色的正圆,得到"椭圆 1",如图 3 - 69 所示。

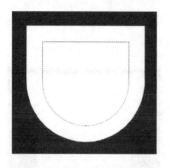

图 3 - 68　缩小图形

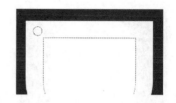

图 3 - 69　绘制"椭圆 1"

Step 04 按【Ctrl + J】组合键,复制得到"椭圆 1 副本"并移动至右上角位置,如图 3 - 70 所示。

Step 05 在"图层"面板中,同时选中"矩形 1"、"椭圆 1"和"椭圆 1 副本"。按【Ctrl + E】组合键,将其合并到同一图层。

Step 06 选择"路径选择工具" ,在画布中选中"椭圆 1"和"椭圆 1 副本",在选项栏的"路径操作" 中单击"减去顶层形状"按钮 ,此时画面效果如图 3 - 71 所示。

图 3 - 70　复制并移动"椭圆 1"

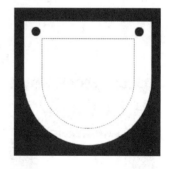

图 3 - 71　"减去顶层形状"效果

3. 输入文字内容

Step 01 选择"横排文字工具" ,在选项栏中设置字体为"微软雅黑"、字号大小为 56.5 点、字体颜色为玫红色(RGB:210、30、70)。在画布中单击并输入文字内容"满就送",如图 3 - 72 所示。

Step 02 在文字可编辑状态按【Ctrl + T】组合键,打开"字符"面板。将文字"满就送"全选,并在"字符"面板中设置"所选字符字距"为 300,效果如图 3 - 73 所示。按【Ctrl + Enter】组合键,完成段落文本的创建。

Step 03 选择"横排文字工具" ,按住鼠标左键并拖动,释放鼠标后,在画布中将创建一个定界框,如图 3 - 74 所示。

图 3 - 72 输入文字内容

图 3 - 73 设置字符字距

Step 04 输入文字内容"全场满 88 元送袜子"并设置"字体"为微软雅黑、"字号大小"为 23 点、"字体颜色"为黑色。按【Ctrl + Enter】组合键,完成段落文本的创建,效果如图 3 - 75 所示。

图 3 - 74 创建定界框

图 3 - 75 输入文字内容

Step 05 选择"多边形工具" ,在选项栏设置"填充"为黄色(RGB:255、205、2)、多边形的"边"为 3,在画布中绘制一个三角形,如图 3 - 76 所示。

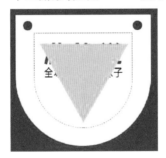

图 3 - 76 绘制三角形

Step 06 选择"直接选择工具" ,单击左上角的锚点,按住【Shift】键,再选择右上角的锚点,如图 3 - 77 所示。向下拖动锚点至适当位置,效果如图 3 - 78 所示。

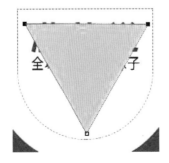

图 3 - 77 选择锚点

图 3 - 78 移动锚点

Step 07 选择"横排文字工具" ，在选项栏中设置字号为"微软雅黑"、字号大小为 18 点、对齐方式为居中文本对齐、字体颜色为深灰色（RGB：80、80、80）。在画布中单击并输入文字内容"详情咨询客服限指定款"，如图 3 – 79 所示。

图 3 – 79 输入文字内容

Step 08 反选文字内容"详情咨询客服"，在"字符"面板中，设置"所选字符字距"为 300，效果如图 3 – 80 所示。反选文字内容"限指定款"，在"字符"面板中，设置"所选字符字距"为 80，效果如图 3 – 81 所示。按【Ctrl + Enter】组合键，完成段落文本的创建。

图 3 – 80 字符字距为 300 的效果

图 3 – 81 字符字距为 80 的效果

知识点讲解

1. 椭圆工具的基本操作

"椭圆工具" 作为形状工具组的基础工具之一，常用来绘制正圆或椭圆。右击"矩形工具" ，会弹出形状工具组，选择"椭圆工具"，如图 3 – 82 所示，然后按住鼠标左键不放并在画布中拖动，即可创建一个椭圆，如图 3 – 83 所示。

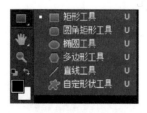

图 3 – 82 形状工具组

图 3 – 83 创建椭圆

使用"椭圆工具"创建图形时，有一些实用的小技巧，具体如下：

- 按住【Shift】键的同时拖动鼠标,可创建一个正圆。
- 按住【Alt】键的同时拖动鼠标,可创建一个以单击点为中心的椭圆。
- 按住【Alt + Shift】组合键的同时拖动鼠标,可创建一个以单击点为中心的正圆。
- 使用【Shift + U】组合键可以快速切换形状工具组中的工具。
- 选择"椭圆工具"后,在画布中单击,会打开"创建椭圆"对话框,可自定义宽度和高度,如图 3 - 84 所示。

图 3 - 84 "创建椭圆"对话框

2. "椭圆工具"选项栏

"椭圆工具"选项栏如图 3 - 85 所示。

图 3 - 85 "椭圆工具"选项栏

其中一些常用选项的讲解如下:

- 形状:单击"形状"右侧的按钮,会弹出一个下拉列表,包含形状、路径和像素三个选项,如图 3 - 86 所示。
- 填充:单击该按钮,在弹出的面板中,可以设置填充颜色,如图 3 - 87 所示。其中,面板顶部的按钮可分别将所绘制的形状设置为无颜色、纯色、渐变、图案的状态。图 3 - 87 所示的面板为"渐变"的设置面板,与渐变编辑器使用方法类似,在此不做赘述。

图 3 - 86 下拉列表 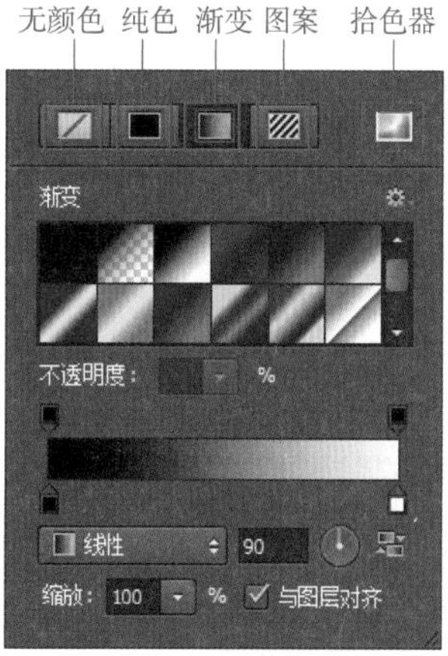   图 3 - 87 填充的设置

- 描边:单击该按钮,在弹出的面板中,可以设置描边颜色,具体选项和设置与填充面板类似。

- :用于设置描边的宽度。
- ：单击该按钮，在弹出的面板中可以设置描边、端点及角点的类型，如图 3-88 所示。其中的"更多选项"可以更详细地设置虚线并可存储预设。
- W:：用于设置矩形的宽度或椭圆的水平直径。
- ：保持长宽比，单击此按钮，可按当前元素的比例进行缩放。
- H:：用于设置矩形的高度或椭圆的垂直直径。
- ：单击该按钮，弹出路径的布尔运算拉列表，可进行路径的布尔运算操作。
- ：单击该按钮，弹出路径对齐方式列表。
- ：单击该按钮，弹出路径排列方式列表。

3. 直线工具

与"椭圆工具" 类似，"直线工具" 也是形状工具组的工具之一。右击"矩形工具" ，在弹出的工具组中选择"直线工具"，如图 3-89 所示。

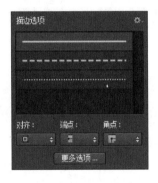

图 3-88 设置"描边选项"　　　图 3-89 选择"直线工具"

选择"直线工具"后，按住鼠标左键在画布中拖动，即可创建一条 1 像素粗细的直线。其选项栏如图 3-90 所示。

图 3-90 "直线工具"选项栏

在"直线工具"选项栏中，"粗细"选项 粗细: 1像素 用于设置所绘制直线的粗细。此外，单击其中的 按钮，会打开图 3-91 所示的面板，可以为直线添加箭头。

其中，各选项的具体说明如下：

- 起点 终点：勾选"起点"或"终点"复选框，可在线段的"起点"或"终点"位置添加箭头。

图 3-91 "箭头"设置

- 宽度：用于设置箭头宽度与直线宽度的百分比，范围为 10%～1 000%。
- 长度：用来设置箭头长度与直线宽度的百分比，范围为 10%～1 000%。
- 凹度：用来设置箭头的凹陷程度，范围为 −50%～50%。该值为 0% 时，箭头尾部平齐；大于 0% 时，向内凹陷；小于 0% 时，向外突出。

注意：

按住【Shift】键不放，可沿水平、垂直或 45°倍数方向绘制直线。

4. 圆角矩形工具

"圆角矩形工具"常用来绘制具有圆滑拐角的矩形。在使用"圆角矩形工具"时，需要先在其选项栏中设置圆角的"半径"，如图 3 - 92 所示。

图 3 - 92　"圆角矩形"选项栏

在"圆角矩形"选项栏中，"半径"用来控制圆角矩形圆角的平滑程度，半径越大越平滑，图 3 - 93 所示为 30 像素半径的圆角矩形；当半径为 0 像素时，创建的矩形为直角矩形，如图 3 - 94 所示。

3 - 93　30 像素半径的圆角矩形　　　　图 3 - 94　0 像素半径的直角矩形

5. 矩形工具

"矩形工具"是形状工具组最基础的工具之一。使用"矩形工具"可以很方便地绘制矩形或正方形，其绘制技巧与矩形选框工具类似。

- 按住【Shift】键的同时拖动鼠标，可创建一个正方形。
- 按住【Alt】键的同时拖动鼠标，可创建一个以单击点为中心的矩形。
- 按住【Shift + Alt】组合键的同时拖动鼠标，可以创建一个以单击点为中心的正方形。

6. 多边形工具

在 Photoshop CS6 中，使用"多边形工具"可以快速创建一些特殊形状的矢量图形，如等边三角形、五角星等。"多边形工具"默认的形状是正五边形，但是可以通过图 3 - 95 所示的"多边形"选项栏自定义多边形的边数。

自定义多边形的边数

图 3 - 95　"多边形"选项栏

当在"边数"文本框中输入数值 3 时，按住鼠标左键在画布中拖动，可创建一个正三角形,如图 3 – 96 所示。

此外,使用"多边形工具"还可以绘制星形。单击"多边形"选项栏中的  按钮,会打开图 3 – 97 所示的面板,勾选"星形"复选框,按住鼠标左键在画布中拖动即可绘制星形,如图 3 – 98 所示。

图 3 – 96　正三角形

图 3 – 97　设置面板

还可以勾选"平滑拐角"和"平滑缩进"两个复选框,绘制效果分别如图 3 – 99 和图 3 – 100 所示。

图 3 – 98　星形

图 3 – 99　平滑拐角星形

7. 形状的布尔运算

与选区类似,形状之间也可以进行布尔运算。通过布尔运算,使新绘制的形状与现有形状之间进行相加、相减或相交,从而形成新的形状。单击形状工具选项栏中的"路径操作"按钮 ,在弹出的下拉列表中选择相应的布尔运算方式即可,如图 3 – 101 所示。

图 3 – 100　平滑缩进星形

图 3 – 101　"路径操作"下拉列表

通过图 3 – 101 可以看出,在"路径操作"下拉列表中,从上到下依次为"新建图层""合并形状""减去顶层形状""与形状区域相交""排除重叠形状""合并形状组件",对它们的具体讲解如下:

- 新建图层▣:为所有形状工具的默认编辑状态。选择"新建图层"后,绘制形状时都会自动创建一个新图层。
- 合并形状▣:选择"合并形状"后,将要绘制的形状自动合并至当前形状所在图层,并与其合并成为一个整体,如图 3 - 102 所示。
- 减去顶层形状▣:选择"减去顶层形状"后,将要绘制的形状自动合并至当前形状所在图层,并减去后绘制的形状部分,如图 3 - 103 所示。

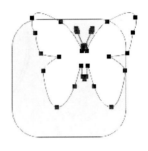

图 3 - 102　合并形状　　　　　图 3 - 103　减去顶层形状

- 与形状区域相交▣:选择"与形状区域相交"后,将要绘制的形状自动合并至当前形状所在图层,并保留形状重叠部分,如图 3 - 104 所示。
- 排除重叠形状▣:选择"排除重叠形状"后,将要绘制的形状自动合并至当前形状所在图层,并减去形状重叠部分,如图 3 - 105 所示。

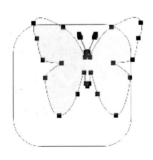
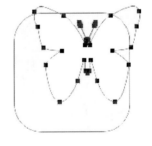

图 3 - 104　与形状区域相交　　　　图 3 - 105　排除重叠形状

- 合并形状组件▣:用于合并进行布尔运算的图形,如图 3 - 106 所示。

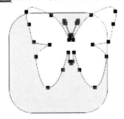

合并形状组件前　　　　　　合并形状组件后

图 3 - 106　合并形状组件

3.3 【案例7】心语心愿邮戳

在很多优秀的设计作品中,文字可以呈现出连绵起伏的状态,使页面元素变得更加生动、活泼,这种效果是由路径文字所实现的。本节通过制作一个"心语心愿"的邮戳,来学习"路径文字"的基本操作,其效果如图3-107所示。

图 3 – 107 　"心语心愿邮戳"效果展示

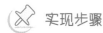 实现步骤

1. 绘制心形主体

Step 01 按【Ctrl + N】组合键,在"新建"对话框中设置"宽度"为500像素、"高度"为500像素、"分辨率"为72像素/英寸、"颜色模式"为RGB颜色、"背景内容"为白色,单击"确定"按钮。

Step 02 按【Ctrl + Shift + S】组合键,以名称"【案例7】心语心愿邮戳.psd"保存图像。

Step 03 选择"自定形状工具" ，在选项栏中设置"工具模式"为形状、"填充"为红色(RGB:250、50、50)、"描边"为无,在"形状"下拉列表中选择"心形",如图3-108所示。

Step 04 按住【Shift】键不放,在画布中拖动鼠标绘制心形,如图3-109所示。

图 3 – 108 　设置形状

Step 05 选择"横排文字工具" ，在选项栏中设置字体为微软雅黑、字体样式为"Bold"、字体颜色为白色。将光标置于心形图案内,当指针变为 形状时,单击并多次输入文字"LOVE",根据所绘心形的大小调整字号大小,效果如图3-110所示。

2. 绘制邮戳圆形部分

Step 01 选择"椭圆工具" ，在选项栏中设置"工具模式"为路径。按【Ctrl + Shift + Alt + N】组合键新建"图层1",在心形形状外绘制一个圆形路径,如图3-111所示(路径位置的调整需选择"路径选择工具")。

图 3 – 109　绘制心形　　　　　　　　图 3 – 110　输入文字

Step 02 选择"横排文字工具" ，将光标置于路径上，当指针形状变为 形时，单击建立路径文字的起点，输入文字信息，效果如图 3 – 112 所示（文字的位置和方向可以选择"路径选择工具" 或"直接选择工具" ，在路径上拖动进行调整）。

图 3 – 111　绘制路径　　　　　　　　图 3 – 112　输入文字信息

Step 03 选择"椭圆工具" ，在选项栏中设置"工具模式"为形状。按住【Shift】键，绘制一个"描边宽度"为 5 点的正圆，得到"椭圆 1"，如图 3 – 113 所示。

Step 04 按【Ctrl + J】组合键，复制得到"椭圆 1 副本"。按【Ctrl + T】组合键，调整其大小并设置"描边宽度"为 3 点，效果如图 3 – 114 所示。

图 3 – 113　绘制正圆形状　　　　　　图 3 – 114　复制正圆形状

Step 05 重复 Step04 的操作，并将"椭圆 1 副本 2"的"描边宽度"设置为 8 点，效果如图 3 – 115 所示。

图 3-115　再次复制正圆形状

 知识点讲解

1. 自定形状工具

在 Photoshop 中,使用"自定形状工具" 可以通过设置不同的形状来绘制形状路径或图形。在"自定形状"拾色器中有大量的特殊形状可供选择。

在"自定形状工具"选项栏中,单击"形状"右侧的下拉列表,打开"自定形状"选项面板,如图 3-116 所示。在该面板中预设了许多常用的图形和形状,单击面板右侧的 按钮,在弹出的菜单列表中选择"全部"命令,在打开的提示框中单击"确定"按钮,即可将所有的图形载入面板中。

在"自定形状"选项面板中,选中需要的图形,在画布中拖动即可绘制完成,如图 3-117 所示。在绘制的过程中,按住【Shift】键不放,可保持图形等比例缩放。

图 3-116　"自定形状"选项面板

3-117　绘制自定形状

2. 创建路径文字

路径文字是指创建在路径上的文字,文字会沿着路径排列,改变路径形状时,文字的排列方式也会随之改变。

打开素材图片,选择"钢笔工具" ,在图像窗口中创建一条曲线路径,如图 3-118 所示。然后,选择"横排文字工具" ,在选项栏中单击"左对齐文本"按钮 ,移动鼠标指针至曲线路径上,当鼠标指针变为 形状时,单击并输入文字,文字即会沿路径排列,如图 3-119 所示。单击"提交所有当前编辑"按钮 ,执行"窗口→字符"命令,打开"字符"面板,设置文字数值,如图 3 – 120 所示,路径文字效果如图 3 – 121 所示。

图 3 – 118　创建曲线路径

图 3 – 119　确定插入点并输入文字

图 3 – 120　"字符"面板

图 3 – 121　路径文字效果

　　值得一提的是,若在输入文字之前不单击"左对齐文本"按钮,则可输入文字的区域有时会很短,输入文字会显示不全(当终点处的 ⃝ 变成 ✛ 时,表示文字未显示完整),如图 3 – 122 所示。扩大文字输入区域有两种方法:一个是在输入文字的过程中对其进行调整;另一个是在文字输入完成之后对其进行调整。

图 3 – 122　未显示
完整的文字

　　(1)在输入文字过程中

　　在未完成文字输入时,按住【Ctrl】键,将鼠标指针放置在路径上,当指针变成 ⌇ 形状时,向后拖动鼠标即可。

　　(2)在文字输入完成后

　　在文字输入完成后,选择"路径选择工具" ▸ 或"直接选择工具" ▹ ,将鼠标指针放置在路径上,当指针变成 ⌇ 形状时,向后拖动鼠标即可。值得注意的是,文字输入完毕,必须要单击"提交所有当前编辑"按钮 ✔ (或按【Ctrl + Enter】组合键)完成输入。

3. 栅格化文字图层

使用文字工具输入的"文字"是矢量图形,无法在 Photoshop CS6 中进行绘图及滤镜操作,只有栅格化文字图层才可以制作更加丰富的效果。

打开素材图像"快乐童年.jpg",并输入文字,如图 3 - 123 所示。选择文字图层,如图 3 - 124 所示,执行"图层→栅格化→文字"命令,即可将文字图层栅格化为普通图层,如图 3 - 125 所示。可以对栅格化的文字图层进行各种编辑操作,例如,执行"滤镜→风格化→查找边缘"命令,效果如图 3 - 126 所示。

图 3 - 123　文字图层　　　　　　　图 3 - 124　选择文字图层

图 3 - 125　栅格化文字　　　　　　图 3 - 126　滤镜效果文字

4. 变形文字

变形文字是对创建的文字进行变形处理后所得的文字效果。例如,可以将文字变形为扇形、鱼形、拱形、旗帜、波浪等效果。在进行变形文字操作时无须进行文字的栅格化操作。

打开素材图像"一路向前.psd",如图 3 - 127 所示,选中文字图层。在"文字工具"选项栏中单击"创建文字变形"按钮，即可打开"变形文字"对话框,如图 3 - 128 所示。

在"样式"下拉列表中可选择预设的样式,如图 3 - 129 所示。选中一个样式后,可在"变形文字"对话框中设置各项选项的值,如图 3 - 130 所示。单击"确定"按钮后,效果如图 3 - 131 所示。

图 3－127 文字素材

图 3－128 "变形文字"对话框

图 3－129 "样式"下拉列表

图 3－130 设置选项

图 3－131 变形文字效果

"变形文字"对话框中常用选项的解释如下：

● 样式：在该选项的下拉列表中可以选择 15 种不同的变形样式。

● 水平/垂直：选择"水平"，文本扭曲的方向为水平方向；选择"垂直"，文本扭曲的方向
   为垂直方向。

● 弯曲：用来设置文本的弯曲程度。

● 水平扭曲/垂直扭曲：可以让文本产生透视扭曲效果。

创建变形文字后，在没有栅格化或转化为形状时，都可以通过"变形文字"对话框重置变
形参数或取消变形。

动手实践

请使用本章所学的工具绘制图 3 – 132 所示的任一图形。

图 3 – 132　水果图形

扫描下方的二维码，可查看实现过程。

第4章

图层样式与滤镜

学习目标

◆ 掌握图层样式的应用方法,会添加并编辑图层样式效果。

◆ 掌握滤镜库的基本操作,会制作不同风格的图像效果。

◆ 掌握普通滤镜的基本操作,能够使用模糊、扭曲、液化等滤镜制作特殊效果。

通过前3章的学习,相信读者已经能够使用选框工具和矢量工具绘制简易的图形。在实际的设计与操作中,有时需要对绘制的图形增加立体或类似油画、素描等特殊的效果,这时就需要使用"图层样式"和"滤镜"。本章将通过4个实用的案例对"图层样式"和"滤镜"进行详细讲解。

4.1 【案例8】质感图形图标

"图层样式"是制作图形效果的重要手段之一,它能够通过简单的操作,迅速将平面图形转化为具有材质和光影效果的立体图形。本节将通过使用路径工具绘制一款圆形图标,并应用"图层样式"来打造立体、质感效果,其效果如图4-1所示。通过本案例的学习,应掌握"图层样式"的基本应用。

图4-1 质感圆形图标

◇ 实现步骤

1. 绘制渐变背景

Step 01 按【Ctrl + N】组合键，弹出"新建"对话框，设置"宽度"为 600 像素、"高度"为 600 像素、"分辨率"为 72 像素/英寸、"颜色模式"为 RGB 颜色、"背景内容"为白色，单击"确定"按钮，完成画布的创建。

Step 02 执行"文件→存储为"命令，在打开的对话框中以名称"【案例 8】质感圆形图标.psd"保存图像。

Step 03 按【Ctrl + Shift + Alt + N】组合键，新建"图层 1"。

Step 04 设置前景色为灰色（RGB：142、142、142），按【Alt + Delete】组合键为"图层 1"填充灰色。

Step 05 单击"图层"面板下方的"添加图层样式"按钮 *fx*，弹出"图层样式"下拉菜单，如图 4 - 2 所示。

Step 06 选择"内阴影"命令，在打开的"图层样式"对话框中，设置内阴影"距离"为 0 像素、"大小"为 200 像素，如图 4 - 3 所示。单击"确定"按钮，效果如图 4 - 4 所示。

图 4 - 2 　"图层样式"下拉菜单

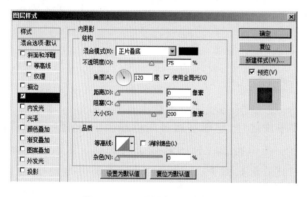

图 4 - 3 　设置"内阴影"选项

图 4 - 4 　渐变背景

2. 绘制图标外轮廓并添加图层样式

Step 01 选择"椭圆工具" ⬭ ，在选项栏中设置"填充"为黑色。将光标置于画布中心位置，按住【Shift + Alt】组合键不放，绘制正圆形状，大小和位置如图 4 - 5 所示。此时，"图层"面板中自动生成"椭圆 1"图层。

Step 02 选中"椭圆 1"，单击"添加图层样式"按钮 *fx*，在弹出的下拉菜单中选择"渐变叠加"命令，打开"图层样式"对话框。

Step 03 单击渐变条按钮，打开"渐变编辑器"对话框，如图 4 - 6 所示。设置左侧色标颜色为黑色,右侧色标颜色为灰色(RGB:85、85、85),单击"确定"按钮;继续设置"不透明度"为100%、"角度"为130°,如图4－7所示。

图 4 - 5　绘制正圆形状

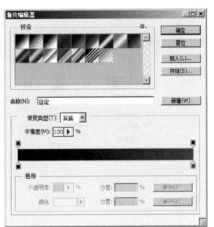

图 4 - 6　"渐变编辑器"对话框

图 4 - 7　设置"渐变叠加"选项

Step 04　勾选对话框左侧"样式"下的"描边"复选框,然后设置"大小"为 10 像素、"位置"为内部、"填充类型"为渐变、"角度"为130°。单击渐变条按钮,打开"渐变编辑器"对话框,设置左侧色标颜色为黑色,右侧色标颜色为灰色(RGB:198、198、198),如图4－8所示。

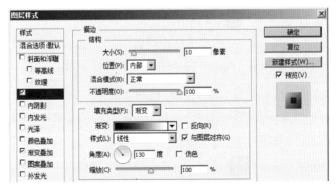

图 4 - 8　设置"描边"选项

Step 05　勾选对话框左侧"样式"下的"内阴影"复选框,然后设置"角度"为130°、"距离"为 12 像素、"大小"为 2 像素,如图 4 – 9 所示。

图 4 – 9　设置"内阴影"选项

Step 06　勾选对话框左侧"样式"下的"投影"复选框,然后设置"不透明度"为 60%、
"角度"为 130°、"距离"为 15 像素、"大小"为 20 像素,如图 4 – 10 所示。

Step 07　单击"确定"按钮,效果如图 4 – 11 所示。

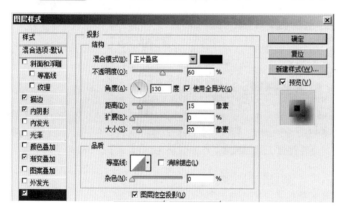

图 4 – 10　设置"投影"选项

图 4 – 11　图标外部轮廓效果

3. 绘制图标内部图案

Step 01　选择"椭圆工具"，将鼠标指针置于画布中心位置,按住【Shift + Alt】组合
键的同时绘制一个正圆形状。然后,在选项栏中设置"填充"为灰色(RGB:205、205、205),效
果如图 4 – 12 所示。此时,"图层"面板中自动生成"椭圆 2"图层。

Step 02　按【Ctrl + J】组合键,复制得到"椭圆 2 副本",并更改填充颜色为橙色(RGB:
255、138、0);按【Ctrl + T】组合键调出定界框,按住【Shift + Alt】组合键的同时对"椭圆 2 副
本"中的形状进行缩小,效果如图 4 – 13 所示。

Step 03　选择"矩形工具"，绘制一个细长的矩形,得到"矩形 1"图层,如图 4 – 14 所示。

Step 04　按【Ctrl + J】组合键,复制得到"矩形 1 副本"。按【Ctrl + T】组合键,在选项
栏中设置"旋转"为 90°,按【Enter】键确定旋转角度,然后再次按【Enter】键确定自由变换,效
果如图 4 – 15 所示。

图 4 – 12　绘制正圆形状

图 4 – 13　缩小复制形状

Step 05　选择"移动工具" <kbd>▶‍✛</kbd>,在"图层"面板中选中"矩形 1 副本",然后按住【Shift】键的同时单击"背景"图层,将所有图层选中。在选项栏中单击"垂直居中对齐" <kbd>┃┅</kbd> 和"水平居中对齐" <kbd>呂</kbd> 按钮,效果如图 4 – 16 所示。

图 4 – 14　绘制矩形 1

图 4 – 15　旋转复制的矩形

图 4 – 16　执行对齐操作

Step 06　在"图层"面板中,选中"椭圆 2 副本""矩形 1""矩形 1 副本"三个图层,按【Ctrl + E】组合键,合并形状,得到新图层"矩形 1 副本"。

Step 07　选择"路径选择工具" <kbd>▶</kbd>,先在画布中单击选择竖向的细长矩形,然后在选项栏中单击"路径操作" <kbd>▣</kbd> 按钮,弹出下拉列表,选择"减去顶层形状"选项 <kbd>▣</kbd>,如图 4 – 17 所示,即可修改正圆形状,效果如图 4 – 18 所示。

Step 08　在画布中单击横向的细长矩形,再次选择"减去顶层形状"选项 <kbd>▣</kbd>,修改完成的正圆路径如图 4 – 19 所示。

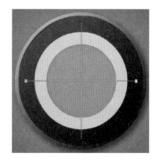

图 4 – 17　选择"减去顶层形状"选项　　图 4 – 18　修改正圆形状　　图 4 – 19　修完后的正圆形状

Step 09 在选项栏中,再次单击"路径操作" ■ 按钮,弹出下拉列表,选择"合并形状组件"选项 ⊞ ,效果如图 4 – 20 所示。

4. 更改图标内部颜色

Step 01 选择"直接选择工具" ▷ ,在"矩形 1 副本"中,保留左上角的"扇形"。单击其余"扇形"的锚点,并按【Delete】键删除,删除后的效果如图 4 – 21 所示。

图 4 – 20　合并形状组件　　　　　　4 – 21　删除锚点后的效果

Step 02 按【Ctrl + J】组合键,复制"矩形 1 副本"得到"矩形 1 副本 2"。按【Ctrl + T】组合键调出定界框,右击定界框,在弹出的快捷菜单中选择"水平翻转"命令,按【Enter】键确定自由变换操作,效果如图 4 – 22 所示。

Step 03 选择"移动工具" ▶⊹ ,按住【Shift】键不放,向右拖动"矩形 1 副本 2"至适当位置,效果如图 4 – 23 所示。

图 4 – 22　水平翻转复制的图层　　　　图 4 – 23　移动"矩形 1 副本 2"图层

Step 04 选中"矩形 1 副本",再次按【Ctrl + J】组合键,复制得到"矩形 1 副本 3"。按【Ctrl + T】组合键调出定界框,右击定界框,在弹出的快捷菜单中选择"垂直翻转"命令,按【Enter】键确定自由变换操作。

Step 05 选择"移动工具" ▶⊹ ,按住【Shift】键不放,向下拖动"矩形 1 副本 3"至适当位置,效果如图 4 – 24 所示。

Step 06　选中"矩形 1 副本 3",按【Ctrl + J】组合键,复制得到"矩形 1 副本 4"。按【Ctrl + T】组合键调出定界框,右击定界框,在弹出的快捷菜单中选择"水平翻转"命令,按【Enter】键确定自由变换操作。

Step 07　选择"移动工具" ,按住【Shift】键不放,向右拖动"矩形 1 副本 4"至适当位置,效果如图 4 - 25 所示。

图 4 - 24　移动"矩形 1 副本 3"图层　　　　　　图 4 - 25　移动"矩形 1 副本 4"图层

Step 08　选择"路径选择工具" ,分别选中"矩形 1 副本 2"和"矩形 1 副本 3",在选项栏中设置"填充"为白色,然后选中"矩形 1 副本 4",设置"填充"为蓝色(RGB:0、156、255),效果如图 4 - 26 所示。

Step 09　在"图层"面板中,选中"矩形 1 副本",按住【Ctrl】键的同时分别单击"矩形 1 副本 2"、"矩形 1 副本 3"和"矩形 1 副本 4",将其同时选中。

Step 10　按【Ctrl + T】组合键调出定界框,旋转 45°,按【Enter】键确定旋转角度,效果如图 4 - 27 所示。

图 4 - 26　更改颜色　　　　　　　　　　图 4 - 27　旋转角度

5. 添加图标内部图案的图层样式

Step 01　选中"矩形 1 副本",单击"图层"面板下方的"添加图层样式"按钮 ,弹出"图层样式"菜单。

Step 02　选择"斜面和浮雕"命令,在打开的"图层样式"对话框中,设置"样式"为内斜面、"方法"为雕刻清晰、"方向"为上、"大小"为 3 像素,如图 4 - 28 所示,单击"确定"按钮,启用图层效果。

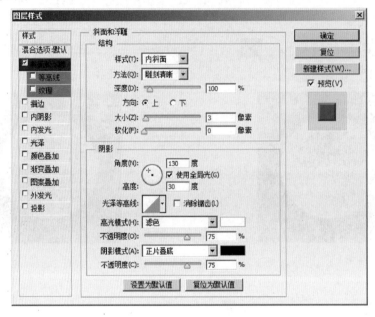

图 4 - 28　设置"斜面和浮雕"选项

Step 03　在"图层"面板中,选中"矩形 1 副本"并右击,在弹出的快捷菜单中选择"拷贝图层样式"命令,如图 4 - 29 所示。

Step 04　选中"矩形 1 副本 3"并右击,在弹出的快捷菜单中选择"粘贴图层样式"命令,如图 4 - 30 所示。

图 4 - 29　选择"拷贝图层样式"命令

图 4 - 30　选择"粘贴图层样式"命令

Step 05　分别选中"矩形 1 副本 2"和"矩形 1 副本 4"并右击,在弹出的快捷菜单中选择"粘贴图层样式"命令,效果如图 4 - 31 所示。

Step 06　在"图层"面板,选中"椭圆 2",单击"添加图层样式"按钮 ,弹出"图层样式"菜单。

Step 07　选择"斜面和浮雕"命令,在弹出的"图层样式"对话框中,设置"样式"为外斜面、"方法"为平滑、"方向"为下、"大小"为 5 像素,如图 4 - 32 所示。

图 4 - 31　粘贴图层样式后的效果

Step 08 选择"图案叠加"复选框,单击"图案"下拉按钮 ▼,在弹出的面板中选择第 4 个图案,如图 4 - 33 所示,设置"缩放"为 63%。

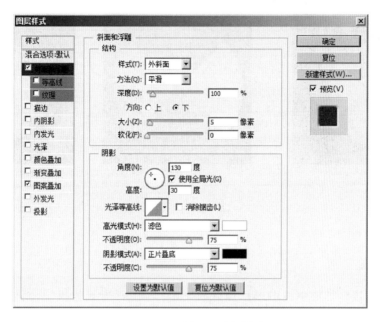

图 4 - 32 设置"斜面和浮雕"选项

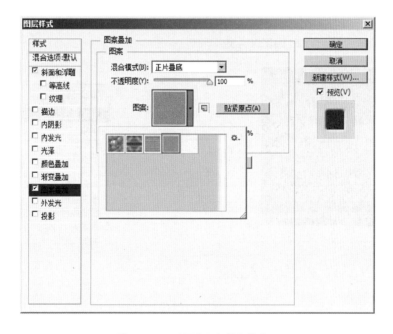

图 4 - 33 设置"图案叠加"选项

Step 09 单击"确定"按钮,启用图层效果,如图 4 - 34 所示。

Step 10 选中"椭圆 2",按【Ctrl + J】组合键,复制得到"椭圆 2 副本"。按【Ctrl + T】组

合键调出定界框,同时按住【Shift + Alt】组合键不放,缩小"椭圆 2 副本"至 4 个扇形边缘,效果如图 4 – 35 所示。按【Enter】键确定自由变换操作,效果如图 4 – 36 所示。

 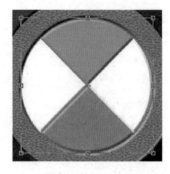 

图 4 – 34　应用图层样式后的效果　　　　4 – 35　缩小"椭圆 2 副本"　　　　图 4 – 36　最终效果

知识点讲解

1. 添加图层样式

图层样式可以为图层中的图形添加诸如投影、发光、浮雕等效果,从而创建真实质感的特效。图层样式非常灵活,可以随时修改、隐藏或删除。

为图形添加"图层样式",需要先选中这个图层,然后单击"图层"面板下方的"添加图层样式"按钮 fx,如图 4 – 37 所示。在弹出的下拉菜单中,选择一个效果选项,如图 4 – 38 所示,将打开"图层样式"对话框,如图 4 – 39 所示。

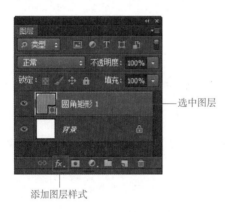 

图 4 – 37　单击"添加图层样式"按钮　　　　图 4 – 38　选择一个效果选项

添加"图层样式"的快捷方式:双击需要添加图层样式图层的空白处,即打开"图层样式"对话框,如图 4 – 40 所示。

在"图层样式"对话框的左侧有 10 项效果可以选择,分别是斜面和浮雕、描边、内阴影、内发光、光泽、颜色叠加、渐变叠加、图案叠加、外发光和投影。从图 4 – 41 中可以看出,单击左侧的一个效果名称,可以选中该效果,对话框的中间部分则会显示与之对应的样式设置。

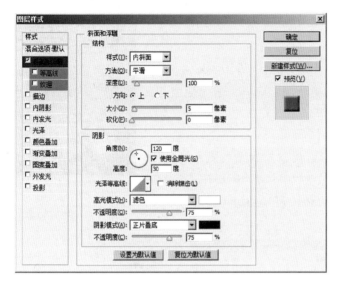

图 4 - 39　"图层样式"对话框

图 4 - 40　双击图层空白处

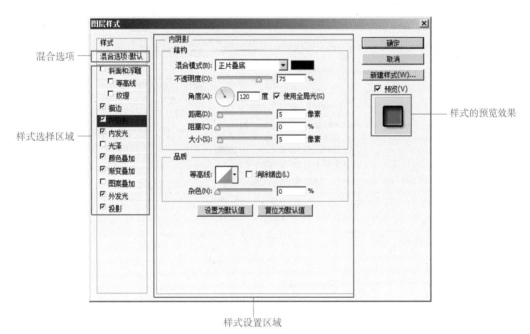

图 4 - 41　"图层样式"对话框各选项

　　效果名称前面的复选框有 标记的,表示在图层中添加了该效果。单击效果名称前方的 标记,可停用该效果,但保留效果参数。

　　在对话框中设置效果参数后,单击"确定"按钮即可为图层添加图层样式,该图层会显示图层样式的图标 *fx* 和一个效果列表。单击该图层右侧的 ▲ 按钮,可以折叠或展开效果列表,如图 4 - 42 所示。

注意:

　　图层样式不能直接用于"背景"图层,但可以按住【Alt】键的同时双击"背景"图层,将"背景"图层转换为普通图层,然后再添加图层样式效果。

2. 图层样式的种类

图 4 - 42　添加图层
样式后的图层效果

Photoshop CS6 提供的图层样式中的效果共有 10 种,分别是斜面和浮雕、描边、内阴影、内发光、光泽、颜色叠加、渐变叠加、图案叠加、外发光和投影,具体解释如下:

（1）斜面和浮雕

"斜面和浮雕"效果可以为图形对象添加高光与阴影的各种组合,使图形对象内容呈现立体的浮雕效果。在"图层样式"对话框中勾选"斜面和浮雕"复选框,即可切换到"斜面和浮雕"参数设置面板,如图 4 - 43 所示。

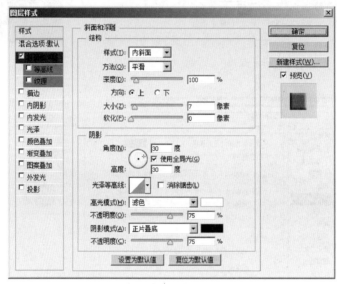

图 4 - 43　"斜面和浮雕"参数设置

其中,主要选项说明如下:

- 样式:在该下拉列表中可选择不同的斜面和浮雕样式,得到不同的效果。
- 方法:用来选择一种创建浮雕的方法。
- 深度:用于设置浮雕斜面的应用深度,数值越高,浮雕的立体性越强。
- 角度:用于设置不同的光源角度。

图 4 - 44 所示为原图像,分别为其添加"内斜面"和"枕状浮雕"样式,效果如图 4 - 45 和图 4 - 46 所示。

图 4 - 44　原图像　　　　图 4 - 45　"内斜面"效果　　　　图 4 - 46　"枕状浮雕"效果

（2）描边

"描边"效果可以使用颜色、渐变或图案勾勒图形对象的轮廓,在图形对象的边缘产生一种描边效果。在"图层样式"对话框中勾选"描边"复选框,即可切换到"描边"参数设置面板,如图4-47所示。

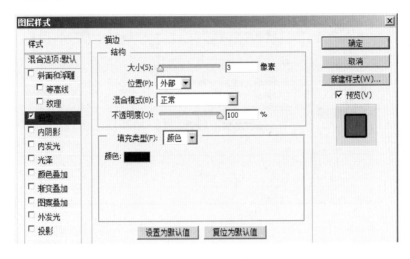

图4-47　"描边"参数设置

其中,主要选项说明如下:

- 大小:用于设置描边线条的宽度。
- 位置:用于设置描边的位置,包括外部、内部、居中。
- 填充类型:用于选择描边的效果以何种方式填充。
- 颜色:用于设置描边颜色。

图4-48所示为原图像,添加"描边"后的效果如图4-49所示。

图4-48　原图像

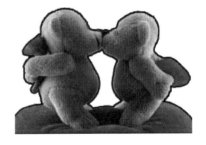

图4-49　"描边"效果

（3）投影与内阴影

"投影"效果是在图形对象背后添加阴影,使其产生立体感。在"图层样式"对话框中勾选"投影"复选框,即可切换到"投影"参数设置面板,如图4-50所示。

其中,主要选项说明如下:

- 混合模式:用于设置阴影与下方图层的色彩混合模式,默认为"正片叠底"。单击右侧的颜色块,可以设置阴影的颜色。

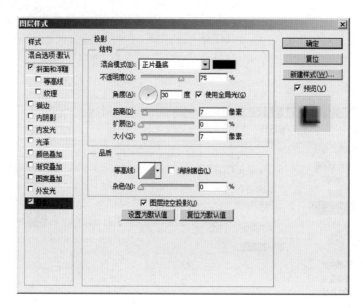

图 4-50 "投影"参数设置

- 不透明度:用于设置投影的不透明度,数值越大,阴影的颜色就越深。
- 角度:用于设置光源的照射角度,光源角度不同,阴影的位置也不同。选中"全局光"复选框,可以使图层效果保持一致的光线照射角度。
- 距离:用于设置投影与图像的距离,数值越大,投影就越远。
- 扩展:默认情况下,阴影的大小与图层相当,如果增大扩展值,可以加大阴影。
- 大小:用于设置阴影的大小,数值越大,阴影就越大。
- 杂色:用于设置颗粒在投影中的填充数量。
- 图层挖空阴影:控制半透明图层中投影的可见或不可见效果。

"投影"效果是从图层背后产生阴影,而"内阴影"则是在图形对象前面内部边缘位置添加阴影,使其产生凹陷效果。图 4-51 所示为原图像,添加"投影"后的效果如图 4-52 所示,添加"内阴影"后的效果如图 4-53 所示。

图 4-51 原图像

图 4-52 "投影"效果

图 4-53 "内阴影"效果

(4)外发光与内发光

"外发光"效果是沿图形对象内容的边缘向外创建发光效果。在"图层样式"对话框中勾选"外发光"复选框,即可切换到"外发光"参数设置面板,如图 4 - 54 所示。

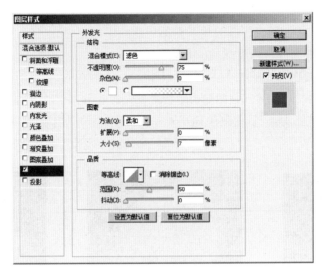

图 4 - 54　"外发光"参数设置

其中,主要选项说明如下:

● 杂色:用于设置颗粒在外发光中的填充数量。数值越大,杂色越多;数值越小,杂色越少。

● 方法:用于设置发光的方法,以控制发光的准确程度,包括"柔和"和"精确"两个选项。

● 扩展:用于设置发光范围的大小。

● 大小:用于设置光晕范围的大小。

"内发光"效果是沿图层内容的边缘向内创建发光效果。在"图层样式"对话框中勾选"内发光"复选框,即可切换到"内发光"参数设置面板,如图 4 - 55 所示。

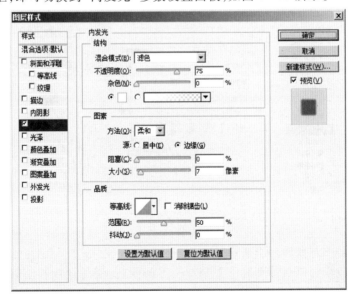

图 4 - 55　"内发光"参数设置

其中,主要选项说明如下:

- 源:用来控制发光光源的位置,包括"居中"和"边缘"两个选项。选择"居中",将从图像中心向外发光;选中"边缘",将从图像边缘向中心发光。
- 阻塞:用于设置光源向内发散的大小。
- 大小:用于设置内发光的大小。

"外发光"和"内发光"都可以使图像边缘产生发光的效果,只是发光的位置不同。图 4-56 所示为原图像,添加"外发光"后的效果如图 4-57 所示,添加"内发光"后的效果如图 4-58 所示。

图 4-56　原图像　　　　图 4-57　"外发光"效果　　　　图 4-58　"内发光"效果

(5)光泽

"光泽"效果可以为图形对象添加光泽,通常用于创建金属表面的光泽外观。在"图层样式"对话框中勾选"光泽"复选框,即可切换到"光泽"参数设置面板,如图 4-59 所示。该效果没有特别的选项,但可以通过选择不同的"等高线"来改变光泽的样式。图 4-60 所示为原图像,添加"光泽"后的效果如图 4-61 所示。

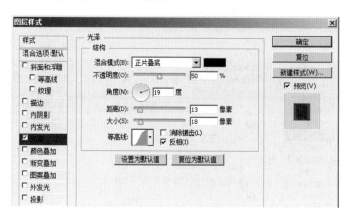

图 4-59　"光泽"参数设置

(6)颜色叠加、渐变叠加和图案叠加

"颜色叠加"效果可以在图形对象上叠加指定的颜色,通过设置颜色的混合模式和不透明度控制叠加效果。图 4-62 所示为原图像,添加"颜色叠加"后的效果如图 4-63 所示。

图 4 – 60　原图像

图 4 – 61　"光泽"效果

图 4 – 62　原图像

图 4 – 63　"颜色叠加"效果

"渐变叠加"效果可以在图形对象上叠加指定的渐变颜色。在"图层样式"对话框中勾选"渐变叠加"复选框,即可切换到"渐变叠加"参数设置面板,如图 4 – 64 所示。

图 4 – 64　"渐变叠加"参数设置

其中,主要选项说明如下:

- 渐变:用于设置渐变颜色。勾选"反向"复选框,可以改变渐变颜色的方向。
- 样式:用于设置渐变的形式。
- 角度:用于设置光照的角度。
- 缩放:用于设置效果影响的范围。

图 4-65 所示为原图像,添加"渐变叠加"后的效果如图 4-66 所示。

图 4-65　原图像 　　　　　　　　　　图 4-66　"渐变叠加"效果

"图案叠加"效果可以在图形对象上叠加指定的图案,并且可以缩放图案、设置图案的不透明度和混合模式。在"图层样式"对话框中勾选"图案叠加"复选框,即可切换到"图案叠加"参数设置面板,如图 4-67 所示。

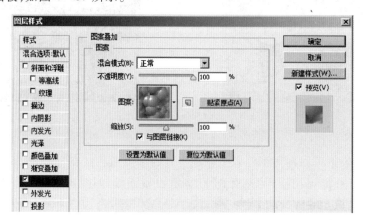

图 4-67　"图案叠加"参数设置

其中,主要选项说明如下:
● 图案:用于设置图案效果。
● 缩放:用于设置效果影响的范围。
图 4-68 所示为原图像,添加"图案叠加"后的效果如图 4-69 所示。

图 4-68　原图像 　　　　　　　　　　图 4-69　"图案叠加"效果

3. 编辑图层样式

"图层样式"与"图层"一样,也可以进行修改和编辑操作。

（1）显示与隐藏图层样式

在"图层"面板中，效果前面的眼睛图标 用来控制效果的可见性，如图 4 – 70 所示。如果要隐藏一个效果，可单击该效果名称前的眼睛图标 ，如图 4 – 71 所示。如果要隐藏一个图层中的所有效果，也可单击该图层"效果"前的眼睛图标 ，如图 4 – 72 所示。

图 4 – 70　"图层样式"效果　　　　图 4 – 71　隐藏一个效果　　　　图 4 – 72　隐藏一个
　　　　　　　　　　　　　　　　　　　　　　　　　　　　　　　　　图层中的所有效果

（2）修改与删除图层样式

添加图层样式后，在"图层"面板相应图层中会显示 图标。在添加的图层样式名称上双击，如图 4 – 73 所示，打开"图层样式"对话框，可对参数进行修改。

如果要删除一个图层样式效果，可以将它拖动到"图层"面板下方的 按钮上，如图 4 – 74 所示，释放鼠标即可删除。如果要删除一个图层的所有效果，将效果图标 拖动到 按钮上即可，如图 4 – 75 所示。

图 4 – 73　双击要修改　　　　　图 4 – 74　删除一个图层　　　　图 4 – 75　删除一个图层的
　　的图层样式　　　　　　　　　　　样式效果　　　　　　　　　　　所有效果

（3）复制与粘贴图层样式

复制与粘贴图层样式，可以减少重复性操作，提高工作效率。在添加了图层样式的图层上右击，在弹出的快捷菜单中选择"拷贝图层样式"命令，如图 4 – 76 所示。然后，在需要粘贴的图层上右击,在弹出的菜单中选择"粘贴图层样式"命令,如图 4 - 77 所示。此时,被拷贝的图层样式效果都已复制到目标图层中,如图 4 - 78 所示。

图 4 - 76 选择"拷贝图层样式"命令   图 4 - 77 选择"粘贴图层样式"命令   图 4 - 78 复制图层样式后的效果

值得一提的是,按住【Alt】键不放,将效果图标 fx 从一个图层拖动到另一个图层,可以将该图层的所有效果都复制到目标图层。如果只需要复制一个效果,可以按住【Alt】键的同时拖动该效果的名称至目标图层。

4. 图层样式的混合选项

图层样式混合选项是对"图层样式"的高级设置。在"图层样式"对话框中选择"混合选项"选项,或单击"图层"面板下方的"添加图层样式"按钮 fx,在弹出的下拉菜单中选择"混合选项"命令,即可打开"混合选项"参数设置面板。其中,提供了"常规混合""高级混合""混合颜色带"三部分,如图 4 - 79 所示。

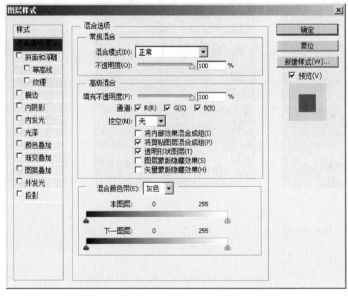

图 4 - 79 "混合选项"参数设置

"常规混合"选项组中有两个选项,其设置内容与"图层"面板的设置相同。"高级混合"选项组中主要用于对通道进行更详细的混合设置。其中,主要选项说明如下:

- 填充不透明度:可以选择不同的通道来设置不透明度。

- 通道:可以对不同的通道进行混合。

- 挖空:指出哪些图层需要穿透,以显示其他图层的内容。选择"无"选项表示不挖空图层;选择"浅"选项表示图像向下挖空到第一个可能的停止点;选择"深"选项表示图像向下挖空到背景图层。

"混合颜色带"选项组用于指定混合效果对哪一通道起作用,如图 4 - 80 所示,两个颜色渐变条表示图层的色阶,数值范围为 0 ~ 255,可以通过拖动渐变条下面的滑块进行设置。其中,"本图层"用于显示或隐藏当前图层的图像像素。"下一图层"用来调整下一图层图像像素的亮部或暗部。其中白色滑块代

图 4 - 80 "混合颜色带"参数设置

表亮部像素,黑色滑块代表暗部像素。图像调整前后的效果分别如图 4 - 81 和图 4 - 82 所示。

图 4 - 81 原图像

图 4 - 82 "混合颜色带"效果

值得一提的是,按住【Alt】键的同时拖动滑块,滑块会变为两部分,如图 4 - 83 所示。这样可以使图像上、下两层的颜色过渡更加平滑。

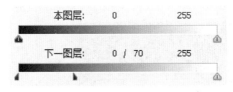

图 4 - 83 滑块变为两部分

4.2 【案例 9】科技感文字

"滤镜库"是滤镜的重要组成部分,在"滤镜库"对话框中,不仅可以查看滤镜预览效果,而且能够设置多种滤镜效果的叠加。本节将制作一幅科技感文字效果,其效果如图 4 - 84 所示。通过本案例的学习,应能使用"滤镜库"及一些常见的滤镜效果处理图像。

图 4 – 84　"科技感文字"效果图

实现步骤

1. 调整背景效果

Step 01 打开素材图像"背景 . jpg",如图 4 – 85 所示,按【Ctrl + J】组合键复制图层得到"图层 1"。

图 4 – 85　素材图像"背景"

Step 02 执行"滤镜→液化"命令,打开"液化"对话框,如图 4 – 86 所示。

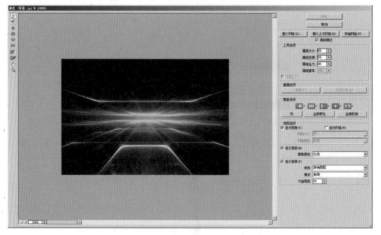

图 4 – 86　"液化"对话框

Step 03 在对话框中单击"顺时针旋转扭曲工具" ，调整"画笔大小"为 300 像素,在图 4 - 87 所示的位置按住鼠标不放,直至图像扭曲成图 4 - 88 所示的样子再释放鼠标,单击"确定"按钮。

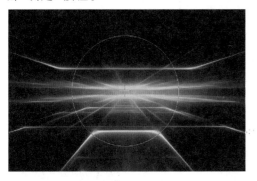

图 4 - 87　确定液化位置

图 4 - 88　液化效果

Step 04　执行"滤镜→转换为智能滤镜"命令,打开提示框,如图 4 - 89 所示,单击"确定"按钮,将"图层 1"转化为智能对象,如图 4 - 90 所示。

图 4 - 89　提示框

图 4 - 90　将图层转化为智能对象

Step 05　执行"滤镜→渲染→镜头光晕"命令,打开"镜头光晕"对话框,如图 4 - 91 所示,移动光标到合适的位置,单击"确定"按钮即可看到效果图,如图 4 - 92 所示。

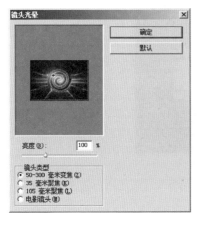

图 4 - 91　"镜头光晕"对话框

图 4 - 92　"镜头光晕"效果图

Step 06　在"图层"面板中,双击"混合选项"按钮，如图 4 - 93 所示,在打开的"混合选项(镜头光晕)"对话框(见图 4 - 94)中,设置镜头光晕的不透明度为 50%,单击"确定"

按钮，效果如图 4 - 95 所示。

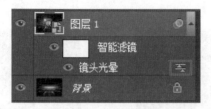

图 4 - 93　双击"混合选项"按钮

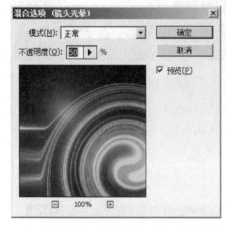

图 4 - 94　"混合选项"对话框

图 4 - 95　设置不透明度后效果图

2. 制作文字及效果

Step 01　选择"横排文字工具" T ，在画布上输入文本"新通道"，设置字体为"时尚中黑简体"、字号大小为"150 点"、字体颜色为白色，位置如图 4 - 96 所示。

图 4 - 96　输入文本

Step 02　按【Ctrl + J】组合键复制文本图层，得到"新通道副本，"执行"滤镜→转换为智能对象"命令，在打开的提示框中单击"确定"按钮，文本图层即可被转换为智能对象。

Step 03　执行"滤镜→滤镜库"命令，在打开的对话框中，选择"纹理"滤镜组，在纹理滤镜组中，选择"马赛克拼贴"滤镜，效果如图 4 - 97 所示。

Step 04　复制"新通道副本"图层，得到"新通道副本 2"，在"图层"面板中右击，在弹出的快捷菜单中选择"栅格化图层"命令,将其栅格化。

图 4 – 97　设置"纹理"滤镜

Step 05 按【Ctrl + T】组合键,将"新通道副本 2"逆时针旋转 90°,如图 4 – 98 所示,按【Enter】键确定变换。

图 4 – 98　逆时针旋转图层

Step 06 执行"滤镜→风格化→风"命令,在打开的"风"对话框中设置参数,如图 4 – 99 所示,单击"确定"按钮,效果如图 4 – 100 所示。

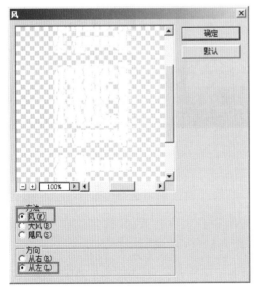

图 4 – 99　"风"对话框　　　　　　　　　　图 4 – 100　"风"效果图

Step 07 按【Ctrl + F】组合键,再次执行"风"命令,效果如图 4 - 101 所示。

图 4 - 101　再次执行"风"命令

Step 08 按【Ctrl + T】组合键,将"新通道副本 2"顺时针旋转 90°,且移动至合适位置,效果如图 4 - 102 所示。

Step 09 将"新通道副本 2"图层放置在"新通道副本"图层下方,如图 4 - 103 所示。

图 4 - 102　顺时针旋转图像

图 4 - 103　调整图层位置

Step 10 执行"滤镜→转换为智能滤镜"命令,将"新通道副本 2"转换为智能对象。

Step 11 执行"滤镜→模糊→高斯模糊"命令,在打开的"高斯模糊"对话框中设置"半径"为 2.5 像素,如图 4 - 104 所示,效果如图 4 - 15 所示。

Step 12 将"新通道副本 2"图层的不透明度设置为 60%,效果如图 4 - 106 所示。

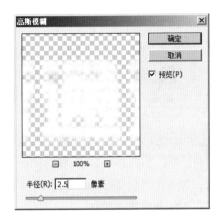

图 4 – 104　"高斯模糊"对话框

图 4 – 105　"高斯模糊"效果图

图 4 – 106　调整图层不透明度

Step 13　按【Ctrl + Shift + S】组合键,以名称"【案例 9】科技感文字 . psd"命名,将文件保存至指定文件夹。

知识点讲解

1. 滤镜库

滤镜库是一个整合了"风格化""画笔描边""扭曲""素描"等多个滤镜组的对话框。打开素材图像"小女孩 . jpg",执行"滤镜→滤镜库"命令,即可打开"滤镜库"对话框。对话框的左侧是预览区,中间是 6 组可供选择的滤镜,右侧是参数设置区,如图 4 – 107 所示。

对"滤镜库"对话框中各选项的解释如下:

● 预览区:用于预览滤镜效果。

● 缩放区:单击 ＋ 按钮,可放大预览区的显示比例;单击 － 按钮,则缩小显示比例。

● 弹出式菜单:单击 ▼ 按钮,可在打开的下拉菜单中选择一个滤镜。

● 参数设置区:"滤镜库"中共包含 6 组滤镜,单击一个滤镜组前的 ▷ 按钮,可以展开该滤镜组,单击滤镜组中的一个滤镜即可使用该滤镜,与此同时,右侧的参数设置区内会显示该滤镜的参数选项。

● 当前使用的滤镜:显示了当前使用的滤镜。

图 4 - 107　"滤镜库"对话框

- 效果图层:显示当前使用的滤镜列表,单击"指示效果图层可见性"图标 ,可以隐藏或显示滤镜。
- 快捷图标:单击"新建效果图层"按钮 ,可以创建效果图层。添加效果图层后,可以选择要应用的其他滤镜,从而为图像添加两个或多个滤镜。单击"删除效果图层"按钮 ,可删除效果图层。

在"滤镜库"中,选择一个滤镜选项后,该滤镜的名称就会出现在对话框右下方的滤镜列表中。例如,选择"颗粒"选项,并设置其参数,如图 4 - 108 所示。

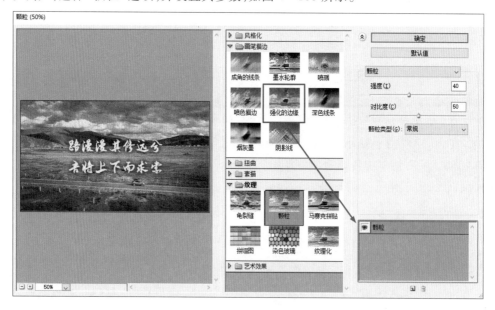

图 4 - 108　颗粒参数设置

单击对话框右下方的"新建效果图层"按钮 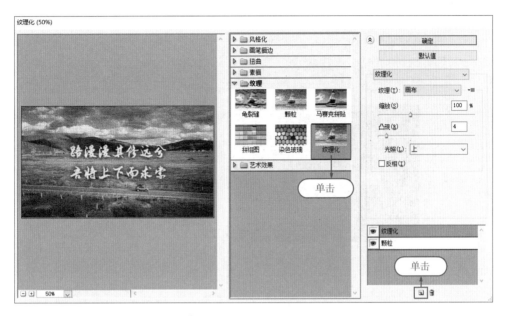，可以创建一个新的效果图层。然后，选择需要的滤镜效果，即可将该滤镜应用到创建的效果图层中，如图 4－109 所示。重复此操作可以添加多个滤镜，图像效果也会变得更加丰富。

图 4－109　创建效果图层

值得一提的是，滤镜效果图层与图层的编辑方法相同，上下拖动效果图层可以调整它们的顺序，滤镜效果也会发生改变，如图 4－110 所示。

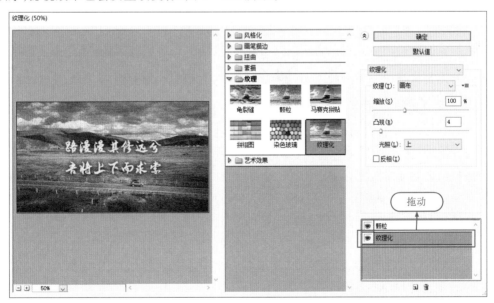

图 4－110　调整效果图层顺序

注意：

在"滤镜库"对话框中，单击"删除效果图层"按钮 ，可以删除效果图层。

2. 液化

"液化"滤镜具有强大的变形及创建特效的功能。执行"滤镜→液化"命令(或按快捷键【Shift + Ctrl + X】),打开"液化"对话框,勾选"高级模式"复选框,如图 4 – 111 所示。

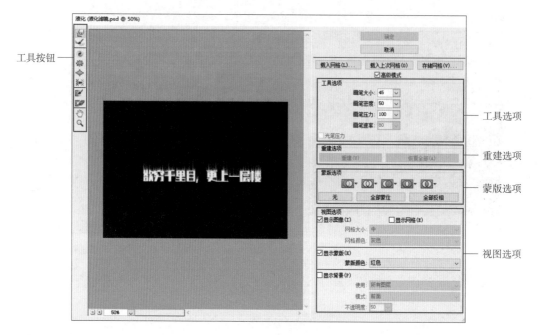

图 4 – 111　"液化"对话框

对"液化"对话框中各选项的解释如下:

- 工具按钮:包括执行液化的各种工具。其中"向前变形工具" 通过在图像上拖动,向前推动图像而产生变形;"重建工具" 通过绘制变形区域,能够部分或全部恢复图像的原始状态;"冻结蒙版工具" 将不需要液化的区域创建为冻结的蒙版;"解冻蒙版工具" 可以擦除冻结的蒙版区域。
- 工具选项:用于设置当前选择工具的各种属性。
- 重建选项:通过下拉列表可以选择重建液化的方式。其中,可以通过"重建"按钮将未冻结的区域逐步恢复为初始状态;"恢复全部"可以一次性恢复全部未冻结的区域。
- 蒙版选项:设置蒙版的创建方式。其中,单击"全部蒙住"按钮冻结整个图像;单击"全部反相"按钮反相所有的冻结区域。
- 视图选项:定义当前图像、蒙版以及背景图像的显示方式。

使用"液化"可以方便地对图像进行变形和扭曲,勾选"显示网格"复选框可以更清晰地显示扭曲效果,如图 4 – 112 所示。

3. 智能滤镜

智能滤镜是一种非破坏性的滤镜,可以达到与普通滤镜完全相同的效果,但却不会真正改变图像中的像素,并可以随时进行修改。

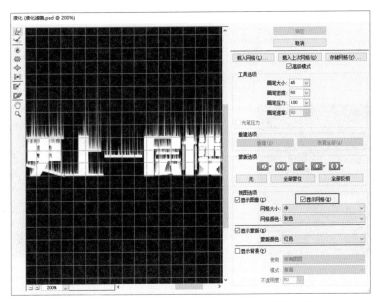

图 4 – 112　勾选"显示网格"复选框下的效果显示

（1）转换为智能滤镜

选择应用智能滤镜的图层，如图 4 – 113 所示。执行"滤镜→转换为智能滤镜"命令，把图层转换为智能对象，效果如图 4 – 114 所示。然后选择相应的滤镜，应用后的滤镜会像"图层样式"一样显示在"图层"面板上，如图 4 – 115 所示。双击图层中的 ▇▇ 图标，打开"混合选项"对话框，用于设置滤镜效果选项，如图 4 – 116 所示。

图 4 – 113　选择应用智能滤镜的图层

图 4 – 114　将图层转换为智能对象

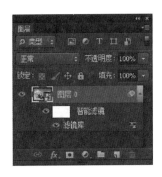

图 4 – 115　"智能滤镜"图层

图 4 – 116　"混合选项"对话框

（2）排列智能滤镜

当对一个图层应用了多个智能滤镜后，如图 4-117 所示，通过在智能滤镜列表中上下拖动滤镜，可以重新排列它们的顺序，如图 4-118 所示。Photoshop 会按照由下而上的顺序应用滤镜，图像效果也会发生改变。

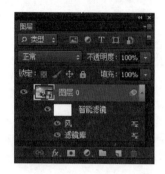

图 4-117　应用多个智能滤镜的图层

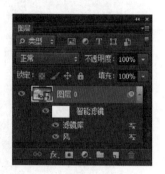

图 4-118　调整智能滤镜的顺序

（3）遮盖智能滤镜

智能滤镜包含一个智能蒙版，编辑蒙版可以有选择性地遮盖智能滤镜，使滤镜只影响图像的一部分。智能蒙版操作原理与图层蒙版完全相同，即使用黑色来隐藏图像，白色来显示图像，而灰色则产生一种半透明效果，如图 4-119 所示。应用智能蒙版后的图片效果如图 4-120 所示。

图 4-119　智能蒙版

图 4-120　应用智能蒙版后的效果

（4）显示与隐藏智能滤镜

如果要隐藏单个滤镜，可以单击该智能滤镜旁边的眼睛图标 ⊙ ，如图 4-121 所示。如果要隐藏应用于智能对象图层的所有智能滤镜，则单击"智能滤镜"图层旁边的眼睛图标 ⊙ （或者执行"图层→智能滤镜→停用智能滤镜"命令），如图 4-122 所示。如果要重新显示智能滤镜，可在滤镜的眼睛图标 ⊙ 处单击。

4. 模糊滤镜

模糊滤镜组中包含 14 种滤镜，它们可以柔化图像、降低相邻像素之间的对比度，使图像产生柔和、平滑的过渡效果。下面介绍常用的 3 个模糊滤镜。

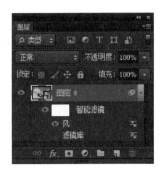

图 4 - 121　隐藏单个滤镜　　　　　　　　图 4 - 122　隐藏智能对象图层的所有滤镜

（1）"高斯模糊"滤镜

"高斯模糊"滤镜可以使图像产生朦胧的雾化效果。打开图 4 - 123 所示的素材图像"洋娃娃"，执行"滤镜→模糊→高斯模糊"命令，打开"高斯模糊"对话框，如图 4 - 124 所示。

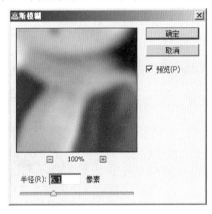

图 4 - 123　素材图像"洋娃娃"　　　　　图 4 - 124　"高斯模糊"对话框

在图 4 - 124 所示的对话框中，"半径"用于设置模糊的范围，数值越大，模糊效果越强烈。应用"高斯模糊"后的画面效果如图 4 - 125 所示。

图 4 - 125　"高斯模糊"效果

（2）"动感模糊"滤镜

"动感模糊"滤镜可以使图像产生速度感效果，类似于给一个移动的对象拍照。打开图 4 - 126 所示的素材图像"滑雪人物 . jpg"，执行"滤镜→模糊→动感模糊"命令，打开"动感模糊"对话框,如图4－127所示。

图4－126　素材图像"滑雪人物"

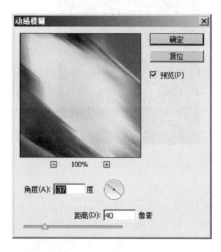

图4－127　"动感模糊"对话框

　　在图4－127所示的对话框中,"角度"用于设置模糊的方向,可拖动指针进行调整;"距离"用于设置像素移动的距离。应用"动感模糊"后的画面效果如图4－128所示。

图4－128　"动感模糊"效果

（3）径向模糊

　　"径向模糊"滤镜可以模拟缩放或旋转的相机所产生的效果。打开图4－129所示的素材图像"多肉植物.jpg",执行"滤镜→模糊→径向模糊"命令,打开"径向模糊"对话框,如图4－130所示。

图4－129　素材图像"多肉植物"

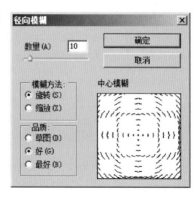

图4－130　"径向模糊"对话框

在图 4 - 130 所示的对话框中,"数量"用于设置模糊的强度,数值越大,模糊效果越强烈。模糊方法有"旋转"和"缩放"两种。其中,"旋转"是围绕一个中心形成旋转的模糊效果,如图 4 - 131 所示;"缩放"是以模糊中心向四周发射的模糊效果,如图 4 - 132 所示。

图 4 - 131 "旋转"效果　　　　　　　　　　图 4 - 132 "缩放"效果

5. 风格化

"风格化"滤镜通过置换图像像素并查找和增加图像中的对比度,产生各种不同的作画风格效果。此滤镜组中包括九种不同风格的滤镜。下面介绍常用的两个"风格化"滤镜。

(1)"等高线"滤镜

"等高线"滤镜主要用于查找亮度区域的过渡,使其产生勾画边界的线稿效果。打开素材图像"卡通长颈鹿.jpg",如图 4 - 133 所示。执行"滤镜→风格化→等高线"命令,打开"等高线"对话框,如图 4 - 134 所示。

在该对话框中,"色阶"用于设置边缘线的色阶值;"边缘"用于设置图像边缘的位置,包括"较低"和"较高"两个选项。单击"确定"按钮,效果如图 4 - 135 所示。

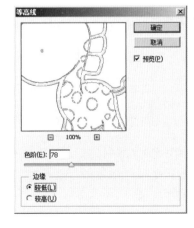

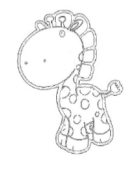

图 4 - 133 素材图像"卡通长颈鹿"　　　图 4 - 134 "等高线"对话框　　　图 4 - 135 效果图

(2)"风"滤镜

"风"滤镜可以使图像产生细小的水平线,以达到不同"风"的效果。打开素材图像"欢乐的海景.jpg",如图 4 - 136 所示。执行"滤镜→风格化→风"命令,打开"风"对话框,设置参数,如图 4 – 137 所示。

图 4 – 136 素材图像"欢乐的海景"

在该对话框中,"方法"用于设置风的作用形式,包括"风""大风""飓风"三种形式。"方向"用于设置风源的方向,包括"从右"和"从左"两个方向。单击"确定"按钮,效果如图 4 – 138 所示。

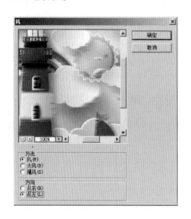

图 4 – 137 "风"对话框

图 4 – 138 效果图

6. 渲染

"渲染"滤镜组中包含五种滤镜,它们可以在图像中创建云彩形状的图案,设置照明效果或通过镜头产生光晕效果。下面介绍常用的两个"渲染"滤镜。

(1)"镜头光晕"滤镜

"镜头光晕"滤镜可以模拟亮光照射到相机镜头所产生的折射,常用来表现玻璃、金属等反射的反射光,或用于增强日光和灯光效果。执行"滤镜→渲染→镜头光晕"命令,打开"镜头光晕"对话框,如图 4 – 139 所示。

在图 4 – 139 所示的对话框中,通过单击图像缩略图或直接拖动十字线,可以指定光晕中心的位置;拖动"亮度"滑块,可以控制光晕的强度;在"镜头类型"选项区中,可以选择不同的镜头类型。

图 4 – 140 和图 4 – 141 所示为使用"镜头光晕"滤镜前后的对比效果。

图 4 - 139 "镜头光晕"对话框

图 4 - 140 素材图像"河边"

图 4 - 141 使用"镜头光晕"滤镜后的效果

（2）"云彩"滤镜

"云彩"滤镜可以使用介于前景色与背景色之间的随机值生成柔和的云彩图案。执行"滤镜→渲染→云彩"命令即可创建云彩图案。图 4 - 142 所示即为使用"云彩"滤镜生成的图像。

图 4 - 142 "云彩"滤镜效果

4.3 【案例 10】时光隧道

"扭曲"滤镜组常用来对图像进行几何变形或其他扭曲效果。本节将使用其中的"波浪"

滤镜及"旋转扭曲"滤镜绘制一款"时光隧道"。案例效果如图 4 – 143 所示。

图 4 – 143 "时光隧道"效果展示

✕ 实现步骤

1. 制作隧道效果

Step 01 打开素材图片"风景 . jpg",如图 4 – 144 所示。

图 4 – 144 素材图片"风景"

Step 02 选择"裁剪工具" ⛏️ ,在其选项栏中设置"裁剪方式"为"1 × 1 (方形)"移动裁剪框到合适位置,如图 4 – 145 所示。按【Enter】键确定裁剪。

Step 03 选择"移动工具" ➤ ,按【Ctrl + J】组合键复制"风景"所在的图层,得到"图层 1"。

图 4 - 145　裁剪图像

Step 04 执行"滤镜→扭曲→极坐标"命令,打开"极坐标"对话框,在对话框中选择"平面坐标到极坐标"单选按钮,如图 4 - 146 所示。单击"确定"按钮,得到图 4 - 147 所示的效果。

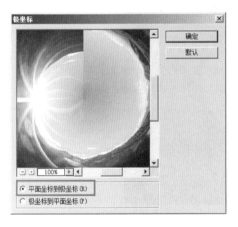

图 4 - 146　"极坐标"对话框

图 4 - 147　效果图

Step 05 按【Ctrl + J】组合键复制"图层 1",得到"图层 1 副本",按【Ctrl + T】组合键调出定界框,右击定界框,在弹出的快捷菜单中选择"垂直翻转"命令,如图 4 - 148 所示。按【Enter】键确认变换。

Step 06 选择"橡皮擦工具" ✐ ,在其选项栏中设置笔刷大小为 125 像素、"不透明度"为 100%、"流量"为 100%,在中间接缝处进行单击,将接缝擦除,效果如图 4 - 149 所示。

2. 放置梅花鹿

Step 01 将素材图片"梅花鹿"拖入画布中,得到"梅花鹿"图层,按【Enter】键确定置入,并调整大小及位置,如图 4 - 150 所示。

图 4 – 148　垂直翻转

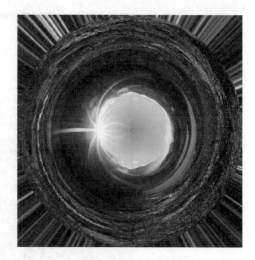

图 4 – 149　擦除接缝

图 4 – 150　置入"梅花鹿"

Step 02 按【Ctrl + J】组合键,复制"梅花鹿"图层,得到"梅花鹿副本",按【Ctrl + T】组合键调出定界框,右击定界框,在弹出的快捷菜单中选择"垂直翻转"命令,按【Enter】键确定变换,将其移动至合适位置,作为投影,如图 4 – 151 所示。

Step 03 在"图层"面板中,选中"梅花鹿副本"图层,右击,在弹出快捷的菜单中选择"栅格化图层"命令,将其栅格化。

Step 04 按【Ctrl + T】组合键,调出定界框,右击定界框,在弹出的快捷菜单中选择"透视"命令,将鼠标指针放置在定界框角点处进行拖动,如图 4 – 152 所示。

Step 05 再次右击,在弹出的快捷菜单中选择"斜切"命令,将其拖动成图 4 – 153 所示的样式,按【Enter】键确定变换。

图 4 – 151 垂直翻转"梅花鹿副本"

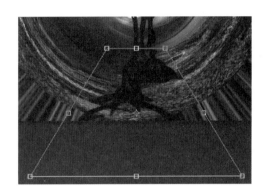

图 4 – 152 透视

Step 06 选择"橡皮擦工具" ，在其选项栏中设置笔刷大小为 125 像素、"不透明度"为 50%、"流量"为 50%，在投影处进行擦除，效果如图 4 – 154 所示。

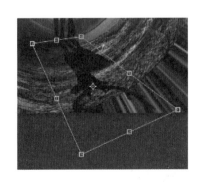

图 4 – 153 斜切

图 4 – 154 擦除投影

Step 07 按【Ctrl + S】组合键，以名称"【案例 10】时光隧道 . psd"将文件保存至指定文件夹。

知识点讲解

"扭曲"滤镜

"扭曲"滤镜组中包含九种滤镜,它们可以对图像进行几何变形、创建 3D 或其他扭曲效果。下面介绍常用的四个"扭曲"滤镜。

(1)"波浪"滤镜

"波浪"滤镜可以在图像上创建波状起伏的图案,生成波浪效果。执行"滤镜→扭曲→波浪"命令,打开"波浪"对话框,如图 4 - 155 所示。

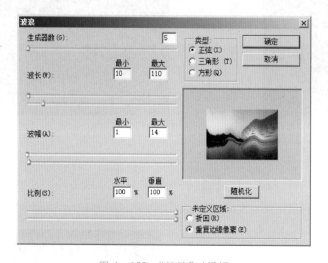

图 4 - 155　"波浪"对话框

对"波浪"对话框中常用选项的解释如下:

- 生成器数:用来设置波的多少,数值越大,图像越复杂。
- 波长:用来设置相邻两个波峰的水平距离。
- 波幅:用来设置最大和最小的波幅。
- 比例:用来控制水平和垂直方向的波动幅度。
- 类型:用来设置波浪的形态,包括"正弦""角形""方形"。

设置好"波浪"滤镜的相应参数后,单击"确定"按钮,画面中即可出现"波浪"效果。图 4 - 156 和图 4 - 157 所示为使用"波浪"滤镜前后的对比效果。

图 4 - 156　素材图像"湖面"

图 4 - 157　"波浪"效果

（2）"波纹"滤镜

"波纹"滤镜与"波浪"滤镜的工作方式相同,但提供的选项较少,只能控制波纹的数量和波纹大小,如图 4 – 158 和图 4 – 159 所示。

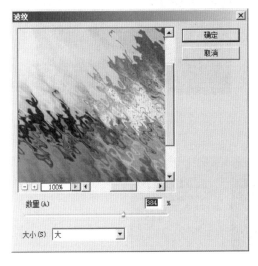

图 4 – 158　"波纹"对话框　　　　　　　　　　　　　图 4 – 159　"波纹"效果

（3）"极坐标"滤镜

"极坐标"滤镜以坐标轴为基准,可以将图像从平面坐标转换为极坐标,或从极坐标转换为平面坐标。执行"滤镜→扭曲→极坐标"命令,打开"极坐标"对话框,如图 4 –160 所示。

图 4 – 160　"极坐标"对话框

选择"平面坐标到极坐标"单选按钮,可以将图像从平面坐标转换为极坐标。转换前后的效果分别如图 4 –161 和图 4 –162 所示。

（4）"旋转扭曲"滤镜

"旋转扭曲"滤镜可以使图像产生旋转的风轮效果,旋转围绕图像中心进行,且中心旋转的程度比边缘大。执行"滤镜→扭曲→旋转扭曲"命令,打开"旋转扭曲"对话框,如图 4 –163 所示。

图 4 - 161 素材图像"夕阳河滩"

图 4 - 162 "极坐标"效果

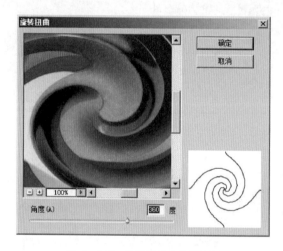

图 4 - 163 "旋转扭曲"对话框

拖动"角度"滑块，可控制"旋转扭曲"的程度。图 4 - 164 和图 4 - 165 所示为使用"旋转扭曲"滤镜前后的对比效果。

图 4 - 164 素材图像"风车"

图 4 - 165 "旋转扭曲"效果

动手实践

请运用图层样式绘制图 4 - 166 所示的文字效果。

图 4 - 166　文字效果

扫描下方的二维码,可查看实现过程。

第5章
图像绘制、修饰和通道

学习目标

◆ 掌握画笔工具的使用,能够熟练运用画笔工具绘制图形。

◆ 掌握定义图案命令,能够熟练定义并填充图案。

◆ 掌握色彩调节的方法,可以调节图像的色相、亮度、饱和度等。

◆ 掌握通道的原理,可以使用通道调色和抠图。

Photoshop CS6 中不仅可以拼合处理图像还可以利用画笔工具及各种颜色调节的工具绘制像素、营造不同的氛围和意境,使图像更具表现力,本章将对"画笔工具""色彩调节""通道"的相关知识进行详细讲解。

5.1 【案例 11】跑车桌面

设计一些复杂的图片效果时,往往会将"画笔工具"和其他图片绘制工具搭配使用。本节将综合运用"画笔工具""铅笔工具""减淡工具""定义图案"制作一张精美跑车桌面,其效果如图 5-1 所示。通过本案例的学习,应掌握上述工具的基本应用。

图 5-1 "跑车桌面"效果展示

✏️ 实现步骤

1. 绘制背景光线效果

Step 01 按【Ctrl + N】组合键,在弹出的"新建"对话框中设置"宽度"为 1280 像素、"高度"为 800 像素、"分辨率"为 72 像素/英寸、"颜色模式"为 RGB 颜色、"背景内容"为白色,单击"确定"按钮,完成画布的创建。

Step 02 按【Ctrl + Shift + S】组合键,以名称"【案例 11】跑车桌面.psd"保存图像。

Step 03 设置前景色为黑色,按【Alt + Delete】组合键将"背景"图层填充为黑色。

Step 04 按【Shift + Ctrl + Alt + N】组合键新建"图层 1"。选择"渐变工具" ,为"图层 1"填充红色(RGB:190、0、0)到透明的径向渐变,效果如图 5 – 2 所示。

Step 05 按【Ctrl + T】组合键调出定界框,调整"图层 1"的大小和位置,如图 5 – 3 所示。按【Enter】键确认自由变换。

图 5 – 2　径向渐变填充

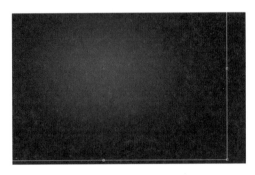

图 5 – 3　自由变换图层对象

Step 06 在"图层"面板中,调整"图层 1"的"不透明度"为 70%。

Step 07 按【Shift + Ctrl + Alt + N】组合键新建"图层 2",为其填充红色(RGB:190、0、0)到透明色的径向渐变,效果如图 5 – 4 所示。

Step 08 按【Ctrl + T】组合键调出定界框,右击定界框,在弹出的快捷菜单中选择"透视"命令,然后拖动定界框角点,进行透视变换,如图 5 – 5 所示。

图 5 – 4　径向渐变填充

图 5 – 5　"透视"变换

Step 09 再次右击定界框,在弹出的快捷菜单中选择"缩放"命令,纵向拉伸图层对象。按【Enter】键确认自由变换,效果如图 5－6 所示。

Step 10 连续按【Ctrl＋J】组合键三次,得到三个"图层 2"的副本图层,如图 5－7 所示。

图 5－6　"缩放"变换

图 5－7　复制图层

Step 11 使用"自由变换"命令,分别将绘制的图像旋转并移动至合适位置,效果如图 5－8 所示。

2. 绘制背景细节

Step 01 按【Shift＋Ctrl＋Alt＋N】组合键新建"图层 3"。选择"画笔工具"，在选项栏中选择"笔尖形状"为柔边圆、"画笔大小"为 13 像素。按【F5】键调出"画笔"面板,设置"间距"为 128%,如图 5－9 所示。

图 5－8　移动和调整图层对象

图 5－9　"画笔"面板

Step 02 在"画笔"面板中,勾选"形状动态"复选框,设置"大小抖动"为 100%,如图 5 - 10 所示。勾选"散布"复选框,勾选"两轴"复选框,设置"随机性散布"为 470%、"数量"为 2、"数量抖动"为 0,如图 5 - 11 所示。

图 5 - 10　"形状动态"选项设置　　　　　图 5 - 11　"散布"选项设置

Step 03 设置前景色为红色(RGB:190、0、0)。按住鼠标左键不放并在画布中拖动鼠标,绘制图 5 - 12 所示的效果(画笔抖动为随机效果)。

Step 04 按【Ctrl + J】组合键,复制"图层 3"得到"图层 3 副本"。按【Ctrl + T】组合键,调出定界框,旋转"图层 3 副本"至合适位置使效果更加丰满,按【Enter】键确认自由变换。调整"图层 3"的"不透明度"为 50%、"图层 3 副本"的"不透明度"为 35%,效果如图 5 - 13 所示。

图 5 - 12　绘制光斑　　　　　　　　图 5 - 13　调整光斑效果

Step 05 选中所有图层,按【Ctrl + G】组合键编组并命名为"背景图层组"。

3. 制作预设图案

Step 01 按【Ctrl + N】组合键,弹出"新建"对话框,在对话框中设置"宽度"为 20 像素、"高度"为 20 像素、"分辨率"为 72 像素/英寸、"背景内容"为透明。

Step 02 选择"铅笔工具" ✏️ ,在选项栏中设置"铅笔大小"为 16 像素,设置前景色为深红色(RGB:90、2、2)。在画布中心单击,效果如图 5 - 14 所示。

Step 03 执行"编辑→定义图案"命令,在弹出的对话框中单击"确定"按钮。

Step 04 打开"【案例 11】跑车桌面. psd",选择"油漆桶工具" 🪣 ,在选项栏中设置"填充区域的源"为图案,在"图案拾色器"下拉列表中选择定义的图案,如图 5 - 15 所示。

图 5 - 14　绘制圆点　　　　　　　　图 5 - 15　选择定义图案

Step 05 选择"背景"图层,按【Shift + Ctrl + Alt + N】组合键新建"图层 4",在画布中单击,即可完成预设图案的填充,效果如图 5 - 16 所示。

Step 06 选择"橡皮擦工具" 🩹 ,在选项栏中设置适当的笔尖形状和不透明度,将多余的图案擦除,效果如图 5 - 17 所示。

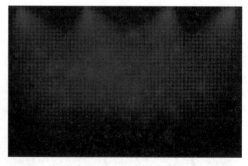

图 5 - 16　填充预设图案　　　　　　　图 5 - 17　修整图案

Step 07 选择"减淡工具" 🔍 ,在图案上按照光照的走向涂抹,得到图 5 - 18 所示的效果。

Step 08 在"图层"面板中,调整"图层 4"的"不透明度"为 20%,效果如图 5 - 19 所示。

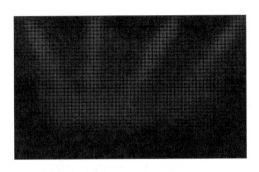

图 5 - 18 "减淡工具"涂抹效果　　　　　图 5 - 19 调整"不透明度"

4. 调入跑车素材

Step 01 打开素材图像"汽车素材 . jpg",如图 5 - 20 所示。

Step 02 选择"钢笔工具"，沿着跑车的轮廓绘制路径。按【Ctrl + Enter】组合键将路径转换为选区,如图 5 - 21 所示。

图 5 - 20 素材图像"汽车素材"　　　　　图 5 - 21 绘制路径并转换为选区

Step 03 选择"移动工具"，将跑车拖动到绘制的背景中,如图 5 - 22 所示。

Step 04 按【Ctrl + J】组合键,复制"汽车素材"得到"汽车素材副本"图层。按【Ctrl + T】组合键调出定界框,右击定界框,在弹出的快捷菜单中选择"垂直翻转"命令,然后将其移动至合适位置,按【Enter】键确认自由变换,如图 5 - 23 所示。

图 5 - 22 导入素材　　　　　图 5 - 23 复制和垂直翻转图层

Step 05 选择"矩形选框工具"，在选项栏中设置"羽化"为 20 像素,在画布中绘制一个矩形选区,如图 5 - 24 所示。

Step 06 按【Delete】键,删除选区中的内容。在"图层"面板中,设置"汽车素材副本"图层的"不透明度"为 50%,按【Ctrl + D】组合键取消选区,如图 5 - 25 所示。

Step 07 选择"钢笔工具" ,在选项栏中设置"填充"为黑色、"描边"为无颜色。在画布中绘制图 5 - 26 所示的形状,得到"形状 1"图层,作为跑车的阴影,在其"属性"面板中设置"羽化"为 5 像素。

图 5 - 24 绘制矩形选区

图 5 - 25 更改图层的不透明度

图 5 - 26 绘制形状

Step 08 按【Ctrl + [】组合键,将"形状 1"图层调整到"汽车素材"图层的下方,如图 5 - 27 所示。

5. 添加火焰效果

Step 01 打开素材图像"火焰.psd",如图 5 - 28 所示。

调整图层顺序前

调整图层顺序后

图 5 - 27 调整图层顺序

图 5 - 28 素材图像"火焰"

Step 02 选择"移动工具" ,将"火焰"素材拖动到"【案例 11】跑车桌面.psd"文件中,如图 5 - 29 所示。

Step 03 按【Ctrl + T】组合键调出定界框,右击定界框,在弹出的快捷菜单中选择"变形"命令,调整图层对象至图 5 - 30 所示的样式。按【Enter】键,确认自由变换。

Step 04 将"火焰"移至"汽车素材"的下方,选择"橡皮擦工具" ,设置适当的笔尖形状和不透明度,轻轻擦除火焰边缘使其与背景融合,效果如图 5 - 31 所示。

图 5 - 29　导入火焰素材

图 5 - 30　"变形"变换

Step 05 在"图层"面板中,选中最顶层的图层。再次拖动"火焰素材"到"【案例 11】跑车桌面 . psd"画布中。按【Ctrl + T】组合键调出定界框,拖动定界框调整"火焰素材"至适当大小,并移至适当位置,如图 5 - 32 所示。

图 5 - 31　擦除火焰边缘

图 5 - 32　移动火焰图层

Step 06 按【Ctrl + J】组合键,复制汽车前轮的火焰素材,并使用"移动工具" 移至汽车后轮处,如图 5 - 33 所示。

图 5 - 33　复制并移动火焰

⊙ 知识点讲解

1. 画笔工具

"画笔工具" ![brush] 类似于传统的毛笔，它使用前景色绘制带有艺术效果的笔触或线条。
"画笔工具"不仅能够绘制图画，还可以修改通道和蒙版。选择"画笔工具"，在图 5 – 34 所示的"画笔工具"选项栏中设置相关的参数，即可进行绘图操作。

图 5 – 34　"画笔工具"选项栏

图 5 – 34 中展示了"画笔工具"的相关选项，其中"画笔预设"选取器、不透明度和流量这三项比较常用，对选项栏的各个选项具体介绍如下：

- "画笔预设"选取器：单击该按钮，可打开画笔下拉面板，在面板中可选择笔尖，以及设置画笔的大小和硬度，如图 5 – 35 所示。
- 切换画笔面板：单击可调出"画笔"和"画笔预设"面板。
- 模式：在下拉列表中可以选择画笔笔尖的颜色与下面像素的混合模式。
- 不透明度：用来设置画笔的不透明度，该值越低，画笔的透明度越高。

图 5 – 35　"画笔预设"面板

- 流量：用于设置当光标移动到某个区域上方时应用颜色的速率。流量越大，应用颜色的速率越快。
- 启用喷枪模式：单击该按钮即可启用喷枪模式，可根据鼠标左键单击的程度来确定画笔线条的填充数量。

打开素材图像"杯子 . jpg"，如图 5 – 36 所示。选择"画笔工具"，按住鼠标左键不放进行拖动，即可在素材图片上进行绘制，如图 5 – 37 所示。使用"画笔工具"时，在画面中单击，然后按住【Shift】键的同时单击画面中的任意一点，两点之间会以直线连接，如图 5 – 38 所示。按住鼠标左键的同时按住【Shift】键拖动鼠标，可以绘制水平、垂直的直线。

值得一提的是，"画笔工具"也可以用来描摹路径。首先绘制一个路径，如图 5 – 39 所示。选择"画笔工具"，设置画笔的笔尖大小和颜色。然后，打开"路径"面板，单击面板下方的"用画笔描边路径"按钮 ⊙，效果如图 5 – 40 所示。

图 5 – 36　素材图像"杯子"

图 5 – 37　使用"画笔工具"绘制效果

图 5 - 38　绘制直线

图 5 - 39　绘制路径

图 5 - 40　画笔描边路径

2."画笔"面板

执行"窗口→画笔"命令(或按快捷键【F5】),打开"画笔"面板,如图 5 - 41 所示。

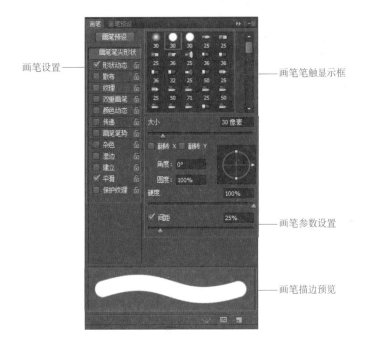

图 5 - 41　"画笔"面板

其中,主要选项的解释如下:

- "画笔笔触"显示框:用于显示当前已选择的画笔笔触,或设置新的画笔笔触。
- 形状动态:选择形状动态可以调整画笔的形态,如大小抖动、角度抖动等。当选择形状动态时,"画笔"面板会自动切换到"形状动态"选项,如图 5 - 42 所示。
- 散布:选择散布,可以调整画笔的分布和位置,当选择散布时,"画笔"面板会自动切换到"散布"选项,如图 5 - 43 所示。

需要注意的是,在"散布"选项中,通过拖动图 5 - 44 所示的散布滑块,可以调整画笔的分布密度,值越大,散布越稀疏。

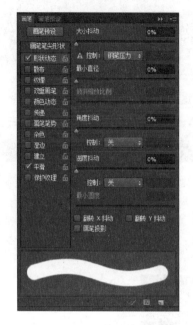

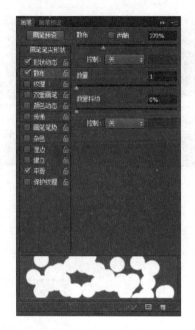

图 5-42　"形状动态"选项栏设置　　　　图 5-43　"散布"选项设置

图 5-44　设置随机性散布

当勾选"两轴"复选框时,画笔的笔触范围将被缩小。

- 纹理:使绘制出的线条像是在带纹理的画布上绘制出的效果一样。
- 颜色动态:使绘制出的线条的颜色、饱和度和明度产生变化。
- 传递:用来确定颜色在描边路线中的改变方式。

打开素材图像"夜晚的月亮.jpg",如图5-45所示。选择"画笔工具",在选项栏中设置"笔尖形状"为柔边圆。按【F5】键打开"画笔"面板,勾选"形状动态"复选框,设置"大小抖动"为100%;勾选"散布"复选框,设置"散布"为1000%。设置前景色为白色,调整"笔尖大小",在画布中拖动绘制图5-46所示的画面效果。

图 5-45　素材图像"夜晚的月亮"　　　　图 5-46　绘制效果

3. "画笔预设"面板

"画笔预设"面板中提供了各种预设的画笔,如图 5 - 47 所示。预设画笔带有诸如大小、形状和硬度等可定义的特性。使用绘画或修饰工具时,打开"画笔预设"面板,选择一个预设的笔尖并调整笔尖大小即可。在"画笔预设"面板中,选中面板中的一个笔尖形状,拖动"大小"滑块可调整笔尖的大小。

执行"编辑→定义画笔预设"命令,即可将当前画布中的图像或选区预设成为画笔笔尖形状。然后在"画笔工具"选项栏或"画笔预设"面板中选择预设的"画笔形状",设置大小和颜色后,即可在画布中以预设的笔尖形状进行绘制。

4. 铅笔工具

"铅笔工具"　是画笔工具组中的重要一员,它也是使用前景色来绘制线条,与"画笔工具"最大的区别是"铅笔工具"只能绘制硬边线条。现在非常流行的像素画,主要是通过铅笔工具来绘制的,如图 5 -48 所示。

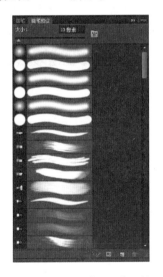

5 -47　"画笔预设"面板

图 5 -48　像素画

"铅笔工具"选项栏中的内容与"画笔工具"选项栏中的内容类似,只多了一个"自动涂抹"的选项。开始拖动鼠标时,如果光标的中心在包含前景色的区域上,可将该区域涂抹成背景色;如果光标的中心在不包含前景色的区域上,则将该区域涂抹成前景色。

使用"自动涂抹"功能,可以绘制有规律的间隔色。如图 5 -49 所示的音符,就是设置了前景色(RGB:54、221、182)和背景色(RGB:34、102、255),

图 5 -49　通过"自动涂抹"功能绘制的音符

在画布中顺序单击绘制而成的。值得注意的是,绘制出前景色的圆点后,需轻移光标,使光标中心仍在前景色上,再次单击,此时所绘制的圆点颜色才会变为背景色。多次反复操作即可绘制出间隔色的效果。

5. 定义图案

使用"定义图案"命令可以将图层或选区中的图像定义为图案。定义图案后,可以用"填充"命令将图案填充到整个图层区域或选区中。

打开素材图像"雪花.psd",如图 5-50 所示。执行"编辑→定义图案"命令,即可将当前画布中的图像或选区预设成为图案。选择"油漆桶工具" ,在其选项栏中设置"填充区域的源"为图案。然后,在新建画面中单击,即可填充预设图案,如图 5-51 所示。

图 5-50 素材图像"雪花"

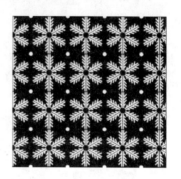

图 5-51 预设图案填充效果

值得一提的是,选择"油漆桶工具"选项栏中的"模式"选项,可以使填充的图案产生不同的效果。其中图 5-52 为"模式"选项中的"正片叠底"效果,图 5-53 为"滤色"效果,图 5-54 为"叠加"效果。关于"模式"的混合效果,将在第 6 章进行详细讲解。

图 5-52 "正片叠底"模式效果

图 5-53 "滤色"模式效果

图 5-54 "叠加"模式效果

6. 减淡工具

使用"减淡工具" 可以加亮图像的局部区域,通过提高图像选区的亮度来校正曝光,因此"减淡工具"常被用来修饰图片。选择"减淡工具"(或按快捷键【O】),待鼠标指针变为○状时在图层对象上涂抹,即可减淡图层对象的颜色。图 5-55 所示为魔法塔点亮效果。

图 5-56 所示为"减淡工具"选项栏,其中"范围""曝光度""保护色调"这三项比较常用,对它们的具体介绍如下:

- 范围:可以选择需要修改的色调,分为"阴影""中间调""高光"选项。其中"阴影"选项可以处理图像的暗色调,"中间调"选项可以处理图像的中间色调,"高光"选项则可以处理图像的亮部色调。

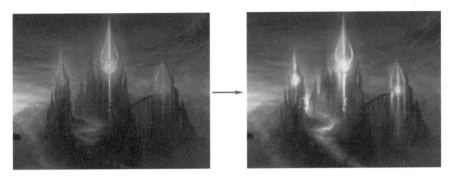

图 5 - 55　减淡工具的使用

图 5 - 56　"减淡工具"选项栏

- 曝光度:可以为减淡工具指定曝光度。数值越高,效果越明显。
- 保护色调:先希望操作后图像的色调不发生变化,则勾选该复选框。

7. 加深工具

"加深工具" 和"减淡工具"恰恰相反,"加深工具"可以变暗图像的局部区域。右击"减淡工具",在弹出的选项组中选择"加深工具",如图 5 - 57 所示。

图 5 - 57　减淡工具组

选择"加深工具"后,在图像上反复涂抹,即可变暗涂抹的区域,如图 5 - 58 所示。

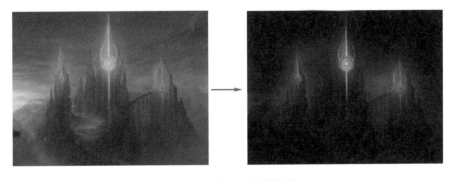

图 5 - 58　加深工具的使用

与"减淡工具"一样,通过设定"加深工具"选项栏中的"曝光度",也可以设置加深的效果,数值越大效果越明显。

8. 渐变工具

选择"渐变工具" (或按【G】键)后,需要先在其选项栏中选择一种渐变类型,并设置渐变颜色等选项,如图 5 - 59 所示,然后再创建渐变。

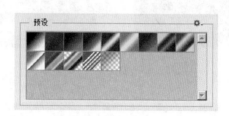

图 5 – 59　"渐变工具"选项栏

"渐变工具"选项栏中的渐变选项讲解如下：

● ▬▬▬▬ ：渐变颜色条中显示了当前的渐变颜色，单击它右侧的 ▼ 按钮，可以在打开的下拉面板中选择一个预设的渐变，如图 5 – 60 所示。

图 5 – 60　预设的渐变

● ▭▭◣▭▦ ：用于设置渐变类型，从左到右依次为线性渐变、径向渐变、角度渐变、对称渐变和菱形渐变。图 5 – 61 ～ 图 5 – 65 为不同类型的渐变效果。

图 5 – 61　线性渐变

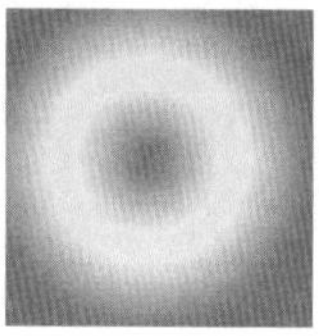

图 5 – 62　径向渐变

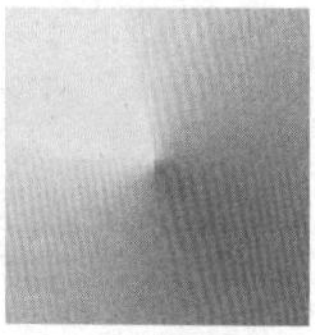

图 5 – 63　角度渐变

图 5 – 64　对称渐变

图 5 – 65　菱形渐变

● 模式：用来选择渐变时的混合模式。
● 不透明度：用来设置渐变效果的不透明度。
● ▭反向：可转换渐变中的颜色顺序，得到反方向的渐变效果。
● ✔仿色：勾选此复选框，可以使渐变效果更加平滑。主要用于防止打印时出现条带化现象，在屏幕上不能明显地体现出作用。默认为勾选状态。
● ✔透明区域：勾选此复选框，即可启用编辑渐变时设置的透明效果，创建包含透明像素的渐变。默认为勾选状态。

设置好渐变参数后,将鼠标指针移至需要填充的区域,按住鼠标左键并拖动,如图 5 – 66 所示,即可进行渐变填充,效果如图 5 – 67 所示(这里使用的是线性渐变)。

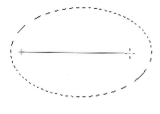

图 5 – 66　渐变填充　　　　　　　　　　图 5 – 67　渐变填充效果

值得一提的是,进行渐变填充时用户可根据需求调整鼠标拖动的方向和范围,以得到不同的渐变效果。

9. 渐变编辑器

除了使用系统预设的渐变选项外,用户还可以通过"渐变编辑器"自定义各种渐变效果,具体方法如下:

- 在"渐变工具"选项栏中单击"渐变颜色条"按钮 ![按钮]，打开"渐变编辑器"对话框,如图 5 – 68 所示。

图 5 – 68　"渐变编辑器"对话框

- 将鼠标指针移至"渐变颜色条"的下方,当指针变为 形状后单击即可增加色标,如图 5 – 69 和图 5 – 70 所示。
- 如果想删除某个色标,将该色标拖出对话框,或单击该色标,然后单击"渐变编辑器"窗口下方的"删除"按钮即可。
- 双击添加的色标(见图 5 – 71),将打开"拾色器(色标颜色)"对话框(见图 5 – 72),在该对话框中可以更改色标的颜色,更改后的效果如图 5 – 73 所示。

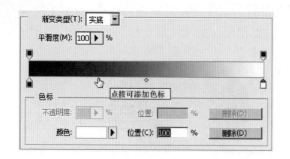

图 5-69　添加色标 1

图 5-70　添加色标 2

图 5-71　双击添加的色标

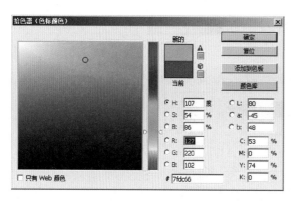

图 5-72　设置色标的颜色

图 5-73　更改颜色后的色标

- 在渐变颜色条的上方单击可以添加不透明度色标,通过"色标"选项栏中的"不透明度"和"位置"可以设置不透明色标的不透明度和位置,如图 5-74 所示。

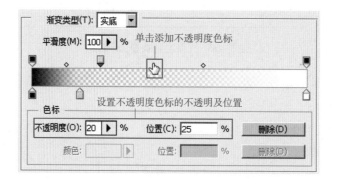

图 5-74　设置色标的不透明度和位置

5.2 【案例12】汽车变色

Photoshop CS6 提供了多种色彩调节命令，不同的命令适用于不同的图像调节需求。本节将运用"色相""饱和度""色彩平衡"命令，对图 5 – 75 中所示的汽车及背景变换颜色，调整后的效果如图 5 – 76 所示。

图 5 – 75　素材图像"汽车"

图 5 – 76　"汽车变色"效果展示

实现步骤

1. 修复图片

Step 01 打开素材图像"汽车 . jpg"，如图 5 – 77 所示。

Step 02 按【Ctrl + Shift + S】组合键，以名称"【案例12】汽车变色 . psd"保存图像。

Step 03 按【Ctrl + J】组合键复制"背景"图层，得到"图层 1"。

Step 04 选择"修复画笔工具"，在其选项栏中调整"画笔大小"为 35 像素。按住【Alt】键不放，在右下角文字上方单击取样，如图 5 – 78 所示。

图 5 – 77　素材图像"汽车"

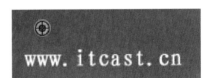

图 5 – 78　取样

Step 05 释放【Alt】键，按住鼠标左键不放，横向拖动鼠标涂抹文字部分，即可对图片进行修复,效果如图 5-79 所示。

2. 调整颜色

Step 01 执行"图像→调整→色相/饱和度"命令(或按快捷键【Ctrl + U】),打开"色相/饱和度"对话框,如图 5-80 所示。

图 5-79 修复图像后的效果   图 5-80 "色相/饱和度"对话框

Step 02 在"色相/饱和度"对话框中,选择"全图"下拉列表中的"蓝色"模式。拖动"色相""饱和度""明度"滑块可以分别更改色相、饱和度及明度值,如图 5-81 所示。单击"确定"按钮,效果如图 5-82 所示。

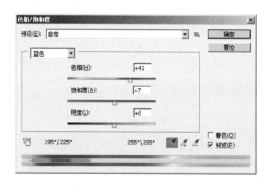

图 5-81 "色相/饱和度"参数设置   图 5-82 调整颜色后的效果

Step 03 按【Ctrl + J】组合键,复制得到"图层 1 副本"。执行"图像→调整→色相/饱和度"命令(或按【Ctrl + U】组合键),打开"色相/饱和度"对话框。

Step 04 在"色相/饱和度"对话框中,选择"全图"下拉列表中的"黄色"模式。再次拖动"色相""饱和度""明度"滑块更改色相、饱和度及明度值,如图 5-83 所示。单击"确定"按钮,效果如图 5-84 所示。

Step 05 执行"图像→调整→色彩平衡"命令(或按【Ctrl + B】组合键),打开"色彩平衡"对话框,拖动"青色/红色"、"洋红/绿色"及"黄色/蓝色"滑块来调节图像的色彩平衡值,如图 5-85 所示。单击"确定"按钮,效果如图 5-86 所示。

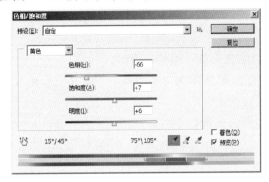

图 5-83　"色相/饱和度"对话框

图 5-84　调整颜色后的效果

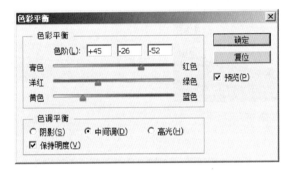

图 5-85　"色彩平衡"对话框

图 5-86　调整色彩平衡后的效果

知识点讲解

1. 色相/饱和度

"色相/饱和度"命令可以对图像的色相、饱和度和明度进行调整,使图像的色彩更加丰富、生动。执行"图像→调整→色相/饱和度"命令(或按【Ctrl + U】组合键),打开"色相/饱和度"对话框如图 5-87 所示。

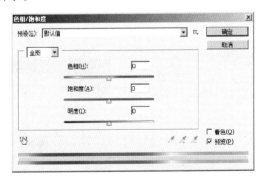

图 5-87　"色相/饱和度"对话框

"色相/饱和度"对话框中常用选项的解释如下:

● 全图:该下拉列表用于设置调整范围,可以针对不同颜色的区域进行相应的调节。

- 色相:是各类颜色的相貌称谓,用于改变图像的颜色。
- 饱和度:指色彩的鲜艳程度。
- 明度:指色彩的明暗程度。
- 着色:勾选该复选框,可以使灰色或彩色图像变为单一颜色的图像。

值得一提的是,使用"色相/饱和度"命令既可以调整图像中所有颜色的色相、饱和度和明度,也可以针对单种颜色进行调整。具体操作如下:

打开素材图像"春天风景.jpg",如图5-88所示。按【Ctrl+U】组合键打开"色相/饱和度"对话框,拖动滑块可以调整图像中所有颜色的色相、饱和度和明度,如图5-89所示。调整的"全图"色相效果如图5-90所示。

图5-88 素材图像"春天风景"

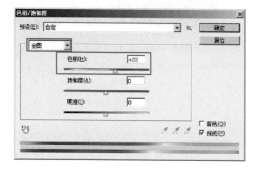

图5-89 参数设置

图5-90 "全图"色相效果

在"全图"下拉列表中选择"黄色",拖动滑块即可针对画面中黄色颜色的色相、饱和度和明度进行调整,如图5-91所示。调整的"黄色"色相效果如图5-92所示。

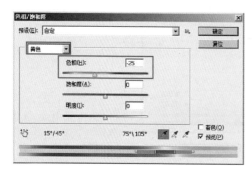

图5-91 "黄色"色相参数设置

图5-92 "黄色"色相效果

2. 色彩平衡

"色彩平衡"命令通过调整色彩的色阶来校正图像中的偏色现象,从而使图像达到一种平衡。执行"图像→调整→色彩平衡"命令(或按【Ctrl + B】组合键),打开"色彩平衡"对话框如图 5 - 93 所示。

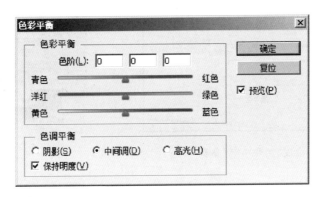

图 5 - 93　"色彩平衡"对话框

"色彩平衡"对话框中各选项的解释如下:

- 色彩平衡:用于添加过渡色来平衡色彩效果。在"色阶"文本框中输入合适的数值,或者拖动滑块,都可以调整图像的色彩平衡。如果需要增加哪种颜色,就将滑块向所要增加颜色的方向拖动。
- 色调平衡:用于选取图像的色调范围,主要通过"阴影""中间调""高光"进行设置。勾选"保持明度"复选框,可以在调整颜色平衡的过程中保持图像整体亮度不变。

打开素材图像"沙滩茅屋 . jpg",如图 5 - 94 所示。执行"图像→调整→色彩平衡"命令(或按【Ctrl + B】组合键),打开"色彩平衡"对话框,拖动滑块增加画面中的红色,如图 5 - 95 所示。单击"确定"按钮,效果如图 5 - 96 所示。

图 5 - 94　素材图像"沙滩茅屋"

3. 去色

"去色"命令可以去除图像中的彩色,使图像转换为灰度图像。这种处理图像的方法不会改变图像的颜色模式,只是使图像失去彩色而变为黑白效果。需要注意的是,图像一般包

含多个图层,该命令只作用于被选择的图层。另外,也可以对选中图层中选区的范围进行
"去色"操作。

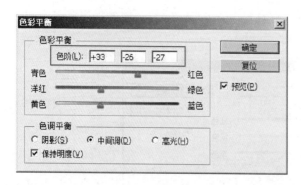

图5-95　设置"色彩平衡"参数

图5-96　"色彩平衡"效果

打开素材图像"庭院.jpg",如图5-97所示。执行"图像→调整→去色"命令(或按【Ctrl+
Shift+U】组合键),将直接对图像进行"去色"操作,效果如图5-98所示。

图5-97　素材图像"庭院"

图5-98　"去色"效果

4. 反相

"反相"命令用于反转图像的颜色和色调,可以将一张正片黑白图像转换为负片,产生类
似照片底片的效果。打开素材图像"马卡龙.jpg",如图5-99所示。执行"图像→调整→反
相"命令(或按【Ctrl+I】组合键),将直接对图像进行"反相"操作,效果如图5-100所示。

5. 污点修复画笔工具

"污点修复画笔工具" 可以快速去除图像中的杂点或污点。选择该工具后,只需在图
像中有污点的地方单击,即可快速修复污点。"污点修复画笔工具"可以自动从所修复区域
的周围进行取样来修复图像,不需要用户定义参考点。选择"污点修复画笔工具",其选项栏
如图5-101所示。

图 5 – 99　素材图像"马卡龙"

图 5 – 100　"反相"效果

图 5 – 101　"污点修复画笔工具"选项栏

确定样本像素有"近似匹配""创建纹理""内容识别"三种类型,对它们的解释如下:

● 近似匹配:选中该项,如果没有为污点建立选区,则样本自动采用污点外围四周的像素;如果选中污点,则样本采用选区外围的像素。

● 创建纹理:选中该项,则使用选区中的所有像素创建一个用于修复该区域的纹理。如果纹理不起作用,可以再次拖过该区域。

● 内容识别:选中该项,可使用选区周围的像素进行修复。

打开素材图片,如图 5 – 102 所示。选择"污点修复画笔工具",在选项栏中选择一个比要修复区域稍大一点的画笔笔尖,其他选项保持默认设置。将光标放在斑点处,如图 5 – 103所示,然后使用鼠标单击,污点即被去除,效果如图 5 – 104 所示。

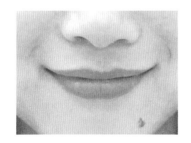

图 5 – 102　原图像

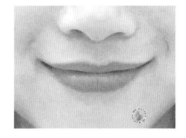

图 5 – 103　将光标放在斑点处

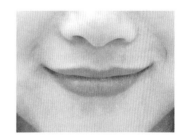

图 5 – 104　去除斑点

6. 修复画笔工具

"修复画笔工具"![](可以通过从图像中取样,达到修复图像的目的。与"污点修复画笔工具"![](不同的是,使用"修复画笔工具"时需要按住【Alt】键进行取样来控制取样来源。选择"修复画笔工具",其选项栏如图 5 – 105 所示。

图 5 – 105 "修复画笔工具"选项栏

对"修复画笔工具"选项栏中各选项的解释如下：

- 画笔：用于选择修复画笔的大小及形状等。
- 模式：用于设置复制像素或填充图案与底图的混合模式。
- 取样：选中该选项，可以从图像中取样来修复有缺陷的图像。
- 图案：选中该选项，可以使用图案填充图像，并且将根据周围的图像来自动调整图案的色彩和色调。
- 对齐：用于设置是否在复制时使用对齐功能。
- 样本：用于选取需要修复的图层，分别为"当前图层""当前和下方图层""所有图层"。

打开素材图像"眼睛.jpg"，如图 5 – 106 所示。选择"修复画笔工具"，在选项栏中选择一个柔和的笔尖，其他选项保持默认设置。将鼠标指针放在眼角附近没有皱纹的皮肤上，按住【Alt】键，光标将变为圆形十字图标 ⊕，此时，单击进行取样，如图 5 – 107 所示。然后，释放【Alt】键，在眼角的皱纹处单击并拖动鼠标进行修复，如图 5 – 108 所示。修复后的图像效果如图 5 – 109 所示。

图 5 – 106　素材图像"眼睛"

图 5 – 107　取样

图 5 – 108　进行修复

图 5 – 109　修复完成

5.3 【案例 13】魔幻海报

在 Photoshop CS6 中，对于一些复杂的效果，往往需要综合运用调整图片的方法。本节将运用"色阶""曲线""通道调色"等图片调整命令，对图 5 – 110 所示的素材图像进行调整拼合，制作一张"魔幻海报"，最终效果如图 5 – 111 所示。需要注意的是，本案例会涉及图层混合模式部分的相关知识，关于这部分将在第 6 章详细讲解，本节了解即可。

图 5 - 110　素材图像　　　　　　　　　　　图 5 - 111　"魔幻海报"效果展示

实现步骤

1. 调整背景色调

Step 01 打开素材图像"乌云 . jpg",如图 5 - 112 所示。

Step 02 按【Ctrl + Shift + S】组合键,以名称"【案例 13】魔幻海报 . psd"保存图像。

Step 03 按【Ctrl + Shift + Alt + N】组合键,新建"图层 1",设置"前景色"为"黑色"。选择"渐变工具" ,绘制一个从"透明色"到"黑色"的径向渐变,效果如图 5 - 113 所示。

图 5 - 112　素材图像"乌云"　　　　　　　图 5 - 113　径向渐变

Step 04 打开素材图像"森林 . png",如图 5 - 114 所示。选择"移动工具" ,将其拖至"【案例 13】魔幻海报"画布中,并按【Ctrl + T】组合键调出定界框,调整图像大小,效果如图 5 - 115 所示。

图 5 - 114　素材图像"森林"　　　　　　　图 5 - 115　调整图像大小

Step 05 按【Ctrl＋U】组合键,打开"色相/饱和度"对话框,调整图片的"饱和度"和 "明度",具体参数设置如图 5－116 所示。单击"确定"按钮,效果如图 5－117 所示。

图 5－116　"色相/饱和度"对话框

图 5－117　效果图

Step 06 在"图层"面板中,单击"创建新的填充或调整图层"按钮，弹出 图 5－118 所示的菜单。选择"曲线"命令,打开曲线"属性"面板,如图 5－119 所示。

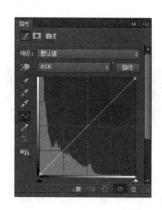

图 5－118　选择"曲线"

图 5－119　曲线"属性"面板

Step 07 单击"RGB"下拉按钮,在弹出的下拉列表中选择"红"(即红色通道),如 图 5－120 所示,此时曲线"属性"面板会变成红色,调整曲线至图 5－121 所示的位置。

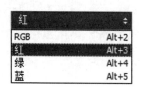

图 5－120　"RGB"下拉列表

图 5－121　调整"红"通道的曲线

Step 08 运用 Step07 中的方法,分别调整"绿"通道的曲线和"蓝"通道的曲线,如图 5 – 122 和图 5 – 123 所示,此时画面效果如图 5 – 124 所示。

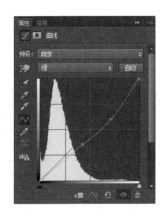

图 5 – 122 调整"绿"通道

图 5 – 123 调整"蓝"通道

图 5 – 124 通道调色效果

Step 09 在"图层"面板中,单击"创建新的填充或调整图层"按钮，在弹出的菜单中选择"渐变映射"命令,在渐变映射"属性"面板中设置"黑色"到"白色"的渐变,如图 5 – 125 所示。

Step 10 在"图层"面板中,单击"图层混合模式"下拉按钮,如图 5 – 126 所示。在弹出的下拉列表中选择"柔光"选项,如图 5 – 127 所示。此时画面效果如图 5 – 128 所示。

图 5 – 125 设置渐变映射

图 5 – 126 单击混合模式下拉按钮

| 正常 |
| 溶解 |
| 变暗 |
| 正片叠底 |
| 颜色加深 |
| 线性加深 |
| 深色 |
| 变亮 |
| 滤色 |
| 颜色减淡 |
| 线性减淡（添加） |
| 浅色 |
| 叠加 |
| 柔光 |
| 强光 |
| 亮光 |
| 线性光 |
| 点光 |
| 实色混合 |
| 差值 |
| 排除 |
| 减去 |
| 划分 |
| 色相 |
| 饱和度 |
| 颜色 |
| 明度 |

图 5 – 127　选择混合模式　　　　　图 5 – 128　应用图层混合模式后的效果

Step 11　打开素材图像"月亮 . jpg"，如图 5 – 129 所示。选择"移动工具" ，将其拖至"【案例 13】魔幻海报"画布中，得到"图层 3"，并调整其图层顺序在"图层 2"之下，效果如图 5 – 130 所示。

5 – 129　素材图像"月亮"　　　　　图 5 – 130　置入素材

Step 12　隐藏"森林"所在的图层，选择"橡皮擦工具" ，设置一个较柔和的笔尖，擦除"图层 3"生硬的边缘，使过渡自然，如图 5 – 131 所示。然后显示"森林"所在的图层。

2. **置入人物主体**

Step 01　打开素材图像"神秘人 . png"，如图 5 – 132 所示。选择"移动工具" ，将其拖至"【案例 13】魔幻海报"画布的顶层。按【Ctrl + T】组合键调出定界框，调整图像大小和方向，效果如图 5 – 133 所示。

擦除前　　　　　　　　　　　擦除后

图 5 – 131　擦除边缘后的效果对比

图 5 – 132　素材图像"神秘人"

图 5 – 133　置入画布

Step 02　选择"图像→调整→亮度/对比度"命令,在打开的对话框中调整图片的"亮度"和"对比度",具体参数设置如图 5 – 134 所示。单击"确定"按钮,效果如图 5 – 135 所示。

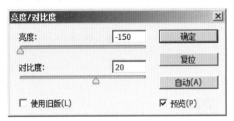

图 5 – 134　"亮度/对比度"对话框

图 5 – 135　"亮度/对比度"效果

Step 03　按【Ctrl + U】组合键,在打开的对话框中调整图片的"饱和度"和"明度",具体参数设置如图 5 – 136 所示。单击"确定"按钮,效果如图 5 – 137 所示。

图 5 – 136　"色相/饱和度"对话框

图 5 – 137　"色相/饱和度"效果

Step 04 按【Ctrl + Shift + Alt + N】组合键,新建"图层 5"。选择"画笔工具" ,设置一个柔和的笔尖,为人物添加投影,效果如图 5 – 138 所示。设置"图层 5"的"不透明度"为 85%。

图 5 – 138　投影效果

Step 05 打开素材图像"手提灯 . png",如图 5 – 139 所示。选择"移动工具",将其拖至画布中,并按【Ctrl + T】组合键调出定界框,并调整图像的大小和位置,效果如图 5 – 140 所示。

图 5 – 139　素材图像"手提灯"

图 5 – 140　置入素材

Step 06 按【Ctrl + Shift + Alt + N】组合键,新建"图层 7"并重命名为"灯光"。设置前景色为黄色(RGB:250、200、0),选择"画笔工具",绘制黄色柔和灯光,如图 5 – 141 所示。设置"灯光"的"不透明度"为 60%,如图 5 – 142 所示。

图 5 – 141　绘制灯光

图 5 – 142　更改"不透明度"后的效果

Step 07 为"灯光"添加"外发光"的图层样式,具体参数设置如图 5 – 143 所示。单击"确定"按钮,效果如图 5 – 144 所示。

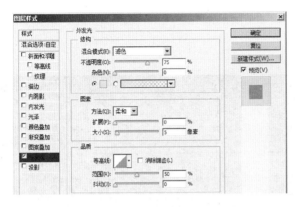

图 5 - 143　"外发光"参数设置　　　　　图 5 - 144　"外发光"效果

3. 制作光照效果

Step 01 按【Ctrl + Shift + Alt + N】组合键,新建"图层 7"并将其排列在所有图层之上。设置前景色为浅黄色(RGB:255、235、150),选择"画笔工具" ，在画布上绘制图 5 - 145 所示的样式。

图 5 - 145　画笔绘制

Step 02 在"图层"面板中,单击"图层混合模式"下拉按钮,选择"叠加"选项,此时画面效果如图 5 - 146 所示。

Step 03 按【Ctrl + J】组合键,复制得到"图层 7 副本",使叠加的光效更明显,如图 5 - 147 所示。

图 5 - 146　"叠加"效果　　　　　　　图 5 - 147　叠加光效效果

Step 04 选择"橡皮擦工具"，调整光照效果的强弱，最终效果如图 5 – 148 所示。

Step 05 重复 Step03 和 Step04 的操作，使画面对比更强烈，如图 5 – 149 所示。

图 5 – 148　调整光照效果　　　　　　　　图 5 – 149　增强画面效果

4. 制作文字效果

Step 01 选择"横排文字工具"，在画布中输入文字内容"树语者"。设置"字号大小"为 21 点、"字体颜色"为深黄色（RGB：155、135、60）、"字体"为华康饰艺体，效果如图 5 – 150 所示。

Step 02 为文字图层"树语者"添加"斜面和浮雕"的图层样式，具体参数设置如图 5 – 151 所示。

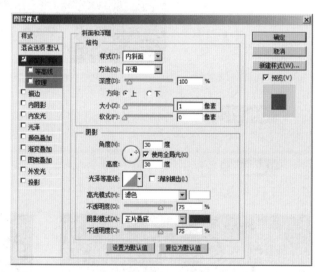

图 5 – 150　输入文字　　　　　　　　图 5 – 151　"斜面和浮雕"对话框

Step 03 勾选"投影"复选框，保持默认设置，单击"确定"按钮，效果如图 5 – 152 所示。

Step 04 在画布中输入英文内容"Control plant Wizard"，设置字号大小为 5.5 点、"字体"为蒙纳摇扬简体，效果如图 5 – 153 所示。

图 5－152　"图层样式"效果

图 5－153　英文效果

Step 05 在文字图层"树语者"上右击,在弹出的快捷菜单中选择"拷贝图层样式"命令;在英文文字图层上右击,在弹出的快捷菜单中选择"粘贴图层样式"命令,效果如图 5－154 所示。

图 5－154　粘贴图层样式后的效果

知识点讲解

1. 亮度/对比度

"亮度/对比度"命令可以快速地调节图像的亮度和对比度。执行"图像→调整→亮度/对比度"命令,打开"亮度/对比度"对话框如图 5－155 所示。

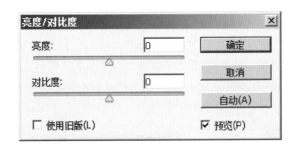

图 5－155　"亮度/对比度"对话框

"亮度/对比度"对话框中各选项的解释如下:

- 亮度:拖动该滑块,或在文本框中输入数字(－150～150),即可调整图像的明暗。向左拖动滑块,数值显示为负值,图像亮度降低。向右拖动滑块,数值显示为正值,图像亮度增加。
- 对比度:用于调整图像颜色的对比程度。向左拖动滑块,数值显示为负值,图像对比度降低。向右拖动滑块,数值显示为正值,图像对比度增加。

● 使用旧版：Photoshop CS6 之后的版本对"亮度/对比度"的调整算法进行了改进，能够保留更多的高光和细节。如果需要使用旧版本的算法，可以勾选"使用旧版"复选框。

打开素材图像"台灯．jpg"，如图 5 - 156 所示。执行"图像→调整→亮度/对比度"命令，打开"亮度/对比度"对话框，如图 5 - 157 所示。在对话框中的"亮度"值中输入 55、"对比度"值中输入 14，如图 5 - 158 所示。单击"确定"按钮，效果如图 5 - 159 所示。

图 5 - 156　素材图像"台灯"

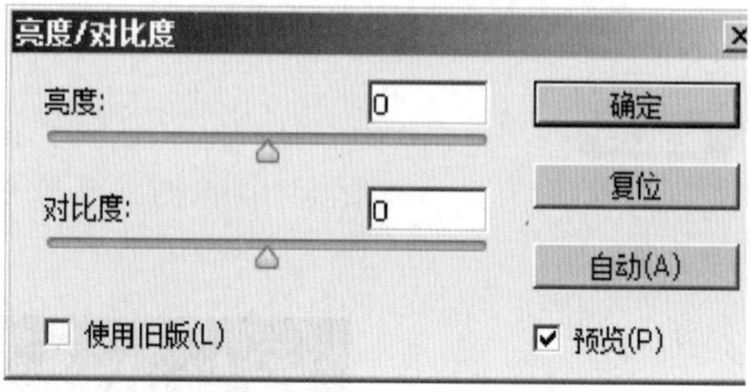

图 5 - 157　"亮度/对比度"对话框

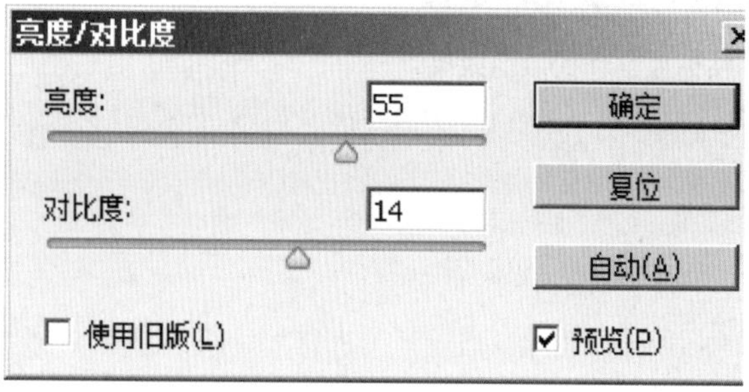

图 5 - 158　调整"亮度"和"对比度"参数

图 5 - 159　"亮度/对比度"效果

2. 曝光度

拍摄照片时，有时会因为曝光度过渡导致图像偏白，或者曝光不足使图像看起来偏暗。使用"曝光度"命令可使图像的曝光度恢复正常。打开素材图像"椰树．jpg"，如图 5 - 160 所示。执行"图像→调整→曝光度"命令，打开"曝光度"对话框，如图 5 - 161 所示。

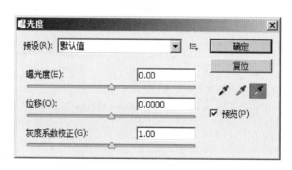

图 5 - 160　素材图像"椰树"

图 5 - 161　"曝光度"对话框

"曝光度"对话框中各选项的解释如下：

- 曝光度：用于设置图像的曝光程度，通过增强或减弱光照强度使图像变亮或变暗。设置正值或向右拖动滑块，可以使图像变亮，如图 5 – 162 所示。设置负值或向左拖动滑块，可以使图像变暗，如图 5 – 163 所示。

图 5 – 162　"曝光度"为 1 的效果　　　　图 5 – 163　"曝光度"为 – 1 的效果

- 位移：用于设置阴影或中间调的亮度，取值范围是 – 0. 5 ~ 0. 5。设置正值或向右拖动滑块，可以使阴影或中间调变亮，但对高光的影响很轻微。
- 灰度系数校正：使用简单的乘方函数来设置图像的灰度系数。可以通过拖动该滑块或在其后面的文本框中输入数值校正照片的灰色系数。

3. 色阶

"色阶"命令是最常用到的调整命令之一，它不仅可以调整图像的阴影、中间调和高光的强度级别，而且还可以校正色调范围和色彩平衡。

打开素材图像"海星 . jpg"，如图 5 – 164 所示。执行"图像→调整→色阶"命令（或按快捷键【Ctrl + L】），打开"色阶"对话框，如图 5 – 165 所示。

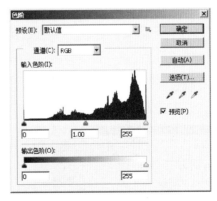

图 5 – 164　素材图像"海星"　　　　图 5 – 165　"色阶"对话框

在"色阶"对话框中，中间的直方图显示了图像的色阶信息。其中，黑色滑块代表图像的暗部，灰色滑块代表图像的中间色调，白色滑块代表图像的亮部。通过拖动黑、灰、白色滑块或输入数值来调整图像的明暗变化。"色阶"对话框中各选项的解释如下：

（1）通道

在"通道"下拉列表中可以选择一个颜色通道进行调整。例如，在调整 RGB 图像的色阶时,在"通道"下拉列表中选择"蓝"通道,如图 5 - 166 所示,然后拖动滑块可以对图像中的蓝色进行调整,如图 5 - 167 所示。单击"确定"按钮,效果如图 5 - 168 所示。

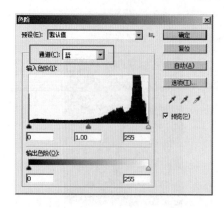

图 5 - 166 选择"蓝"通道

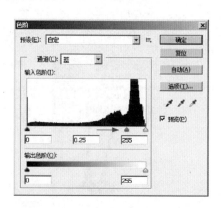

图 5 - 167 调整参数

图 5 - 168 调整后的效果

(2)输入色阶

"输入色阶"用来调整图像的阴影(左侧滑块)、中间调(中间滑块)和高光区域(右侧滑块),从而提高图像的对比度。拖动滑块或者在滑块下方的文本框中输入数值都可以对图片的输入色阶进行调整。向左拖动滑块,如图 5 - 169 所示,与之对应的图片色调会变亮,效果如图 5 - 170 所示。向右拖动滑块,如图 5 - 171 所示,则图片色调会变暗,效果如图 5 - 172 所示。

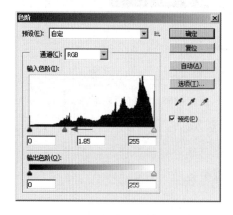

图 5 - 169 向左拖动滑块

图 5 - 170 图片色调变亮效果

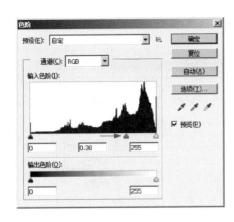

图 5 – 171　向右拖动滑块

图 5 – 172　图片色调变暗效果

（3）输出色阶

"输出色阶"可以限制图像的亮度范围,从而降低对比度,使图像呈现出类似褪色的效果。同样,拖动滑块或者在滑块下方的文本框中输入数值,都可以对图片的输出色阶进行调整,如图 5 – 173 所示。单击"确定"按钮,效果如图 5 – 174 所示。

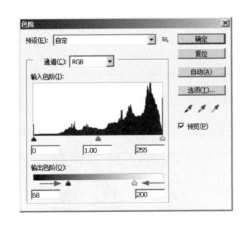

图 5 – 173　输出色阶的调整

图 5 – 174　调整后的图片效果

4. 曲线

"曲线"命令用来调节图像的整个色调范围,它和"色阶"命令相似,但比"色阶"命令对图像的调节更加精密,因为曲线中的任意一点都可以进行调节。执行"图像→调整→曲线"命令(或按快捷键【Ctrl + M】),打开"曲线"对话框,如图 5 – 175 所示。

对"曲线"对话框中各选项的解释如下:

● 预设:包含了 Photoshop 中提供的各种预设调整文件,可用于调整图像。

● 编辑点以修改曲线:打开"曲线"对话框时,█ 按钮默认为按下状态。在曲线中添加控制点可以改变曲线形状,从而调节图像。

● 使用铅笔绘制曲线:单击该按钮后,可以通过手绘效果的自由曲线来调节图像。

● 图像调整工具:单击该按钮后,将鼠标指针放在图像上,曲线上会出现一个空的图形,它代表鼠标指针处的色调在曲线上的位置,单击并拖动鼠标可添加控制点并调整相应的色调。

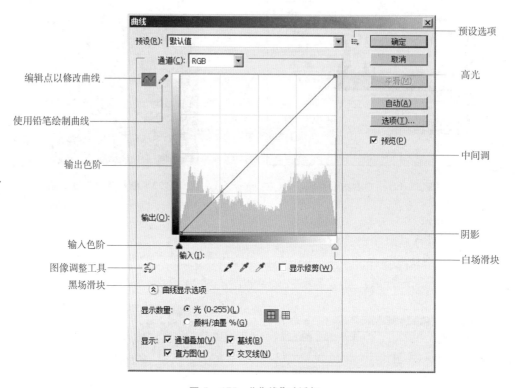

图 5 – 175　"曲线"对话框

- "自动"按钮:单击该按钮,可以对图像应用"自动颜色""自动对比度""自动色调"校正。
- "选项"按钮:单击该按钮,打开"自动颜色校正选项"对话框。

使用"曲线"对话框进行调节时,可以添加多个控制点,从而对图像的色彩进行精确的调整,具体操作如下:

打开素材图像"小鸟.jpg",如图 5 – 176 所示。按【Ctrl + M】组合键,打开"曲线"对话框,在曲线上单击,添加控制点,然后拖动控制点调节曲线的形状,如图 5 – 177 所示,单击"确定"按钮即可完成图

图 5 – 176　素材图像"小鸟"

像色调及颜色的调节,效果如图 5 – 178 所示。在 RGB 模式下,曲线向上弯曲,可以将图像的色调调亮,反之,色调变亮。

需要注意的是,如果图像是 CMYK 模式,那么曲线向上弯曲,图像的色调变暗;向下弯曲,色调变亮。

5. 通道调色

"通道"是一种重要的图像处理方法,它主要用来存储图像的色彩信息。接下来,将对

"调色命令与通道的关系""颜色通道""通道调色"进行具体讲解。

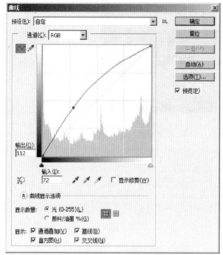

图 5-177 通过控制点调节曲线　　　　图 5-178 调整曲线后的效果

（1）调色命令与通道的关系

图像的颜色信息保存在通道中，因此，使用任何一个调色命令调整颜色时，都是通过通道来影响色彩的。图 5-179 所示为一个 RGB 文件及它的通道，使用"色相/饱和度"命令调整它的整体颜色时，可以看到红、绿、蓝通道都发生了改变，如图 5-180 所示。

图 5-179　RGB 文件　　　　　图 5-180　调整整体颜色后的效果

由此可见，使用调色命令调整图像颜色时，其实是 Photoshop 在内部处理颜色通道，使之变亮或者变暗，从而实现色彩的变化。

（2）颜色通道

颜色通道就像是摄影胶片，记录了图像内容和颜色信息。图像的颜色模式不同，颜色通道的数量也不相同。RGB 图像包含红、绿、蓝和一个用于编辑图像内容的复合通道，如图 5-181 所示。CMYK 图像包含青色、洋红、黄色、黑色和一个复合通道，如图 5-182 所示。

图 5－181　RGB 图像通道

图 5－182　CMYK 图像通道

（3）通道调色

在颜色通道中,灰色代表一种颜色的含量,明亮的区域表示大量对应的颜色,暗的区域表示对应的颜色较少。如果要在图像中增加某种颜色,可以将相应的通道调亮;要减少某种颜色,则将相应的通道调暗。

"色彩"和"曲线"对话框中都包含通道选项,可以从中选择一个通道,调亮它的明度,从而影响颜色。具体操作如下:

打开素材图像"小桥流水.jpg",如图 5－183 所示。按【Ctrl＋M】组合键,打开"曲线"对话框。在"通道"下拉列表中选择"红",将红色通道调亮,如图 5－184 所示。单击"确定"按钮,可以看到图像中的红色色调增加,如图 5－185 所示。反之,将红色通道调暗时,图像中的红色色调会减少,如图 5－186 所示。

图 5－183　素材图像"小桥流水"

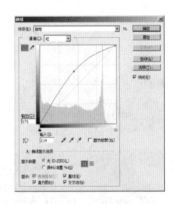

图 5－184　将红色通道调亮

图 5－185　图像中增加了红色

图 5－186　图像中减少了红色

6. 红眼工具

"红眼工具" 可以去除拍摄照片时产生的红眼。选择"红眼工具",其选项栏如图 5 - 187 所示,可以设置瞳孔的大小和瞳孔的暗度。

图 5 - 187　"红眼工具"选项栏

"红眼工具"的使用方法非常简单。打开素材图像"红眼人物 . jpg",如图 5 - 188 所示。选择"红眼工具",然后在图像中有红眼的位置单击,如图 5 - 189 所示,即可去除红眼,效果如图 5 - 190 所示。

图 5 - 188　原图像　　　　　图 5 - 189　单击红眼　　　　　图 5 - 190　去除红眼

7. 仿制图章工具

"仿制图章工具" 是一种复制图像的工具,原理类似于克隆技术。它可以将一幅图像的全部或部分复制到同一幅图像或另一幅图像中。选择"仿制图章工具",其选项栏如图 5 - 191 所示。

图 5 - 191　"仿制图章工具"选项栏

对"仿制图章工具"选项栏中各选项的解释如下:
- 画笔:用于设置画笔的大小及形状等。
- 模式:用于设置仿制图章工具的混合模式。
- 不透明度:用于设置"仿制图章工具"在仿制图像时的不透明度。
- 对齐:用于设置是否在复制时使用对齐功能。
- 样本:用于设置仿制的样本,分别为"当前图层""当前和下方图层""所有图层"。

打开素材图像"玫瑰花 . jpg",如图 5 - 192 所示。选择"仿制图章工具",将鼠标指针定位在图像中需要复制的位置,按住【Alt】键不放,鼠标指针将变为圆形十字图标 时,单击取样点,如图 5 - 193 所示。然后,释放鼠标,在画面中合适的位置单击,并按住鼠标左键不放进行涂抹,如图 5 - 194 所示,直至复制出目标对象,如图 5 - 195 所示。

图 5 - 192　素材图像"玫瑰花"

图 5 - 193　进行光标定位

图 5 - 194　涂抹

图 5 - 195　复制出取样点的图像

5.4　【案例14】抠取云彩

　　通道是 Photoshop 的高级功能,与图像内容、色彩等有密切联系。通道的应用也非常广泛,不仅可以用来调色,还可以用来抠图。本节将通过"通道"抠取云彩,如图 5 - 196 所示,并置于草地背景中,如图 5 - 197 所示。最终效果如图 5 - 198 所示。

图 5 - 196　素材图像"云彩"

图 5 - 197　素材图像"草地"

图 5 - 198　"通道抠图"效果展示

　实现步骤

　　1. 抠出云彩

　　Step 01　打开素材图像"云彩 . jpg",如图 5 - 199 所示。

　　Step 02　执行"窗口→通道"命令,打开"通道"面板,如图 5 - 200 所示。

Step 03 选中"红"通道,将"红"通道拖至面板下方的"创建新通道"按钮上,得到"红副本"通道,如图 5－201 所示。按【Ctrl＋M】组合键,打开"曲线"对话框,拖动曲线向下弯曲,如图 5－202 所示。单击"确定"按钮,效果如图 5－203 所示。

图 5－199　素材图像"云彩"　　　图 5－200　"通道"控制面板　　　图 5－201　复制"红"通道

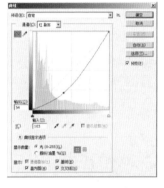

图 5－202　"曲线"对话框　　　　　图 5－203　调整后的效果

Step 04 单击"通道"面板下方的"将通道作为选区载入"按钮 ，调出"红副本"通道的选区,如图 5－204 所示。

Step 05 选中"RGB"通道,如图 5－205 所示。然后,切换至"图层"面板,如图 5－206 所示。

图 5－204　调出"红副本"通道的选区　　　图 5－205　选中"RGB"通道

Step 06 按【Ctrl＋J】组合键,对"背景"层进行复制,得到"图层 1"。此时,"图层 1"中的图像便是抠取出来的云彩,如图 5－207 所示。

图 5 – 206 "图层"面板   图 5 – 207 抠取出来的云彩

2. 拼合素材

Step 01 打开素材图像"草地 . jpg",如图 5 – 208 所示。

Step 02 按【Ctrl + Shift + S】组合键,以名称"【案例 14】抠取云彩 . psd"保存图像。

Step 03 将抠取的云彩图像拖动到新窗口中,得到"图层 1"。然后,按【Ctrl + T】组合键调出定界框,调整其大小并放在合适的位置,效果如图 5 – 209 所示。

图 5 – 208 素材图像"草地"   图 5 – 209 调整素材的大小及位置

Step 04 按【Ctrl + U】组合键,打开"色相/饱和度"对话框,向右拖动滑块将"明度"调为最高,如图 5 – 210 所示。单击"确定"按钮,效果如图 5 – 211 所示。

图 5 – 210 "色相/饱和度"对话框   图 5 – 211 调整后的图像效果

Step 05 选择"橡皮擦工具" ,擦除天边多余的云彩,效果如图 5 – 212 所示。

Step 06 选中"背景"图层,选择"修补工具" ,圈选草地上的一个泡泡,如图 5 – 213 所示。然后,向附近类似颜色的草地处拖动,效果如图 5 – 214 所示。单击选区外,即可取消选区。

图 5 – 212　擦除多余的云彩

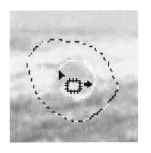

图 5 – 213　圈选泡泡

Step 07 重复 Step06 中的操作,将草地上的泡泡全部修复,效果如图 5 – 215 所示。

图 5 – 214　修补草地

图 5 – 215　修复后的效果

知识点讲解

1.“通道”面板

“通道”面板可以对所有的通道进行管理和编辑。当打开一个图像时,Photoshop 会自动创建该图像的颜色信息通道,如图 5 – 216 所示。

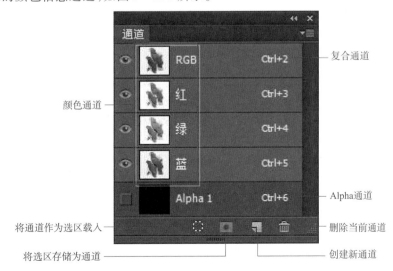

图 5 – 216　“通道”面板

"通道"面板中各选项的解释如下：

● 将通道作为选区载入：单击该按钮，可以载入所选通道内的选区。

● 将选区存储为通道：单击该按钮，可以将图像中的选区保存在通道内。

● 创建新通道：单击该按钮，可以创建新的 Alpha 通道。

● 删除当前通道：单击该按钮，可以删除当前选择的通道。

2. 通道的基本操作

在 Photoshop CS6 中不仅可以创建新通道，还可以对当前通道进行复制和删除。

（1）创建新通道

在编辑图像的过程中，可以创建新通道。打开素材图像，单击"通道"面板右上方的 按钮，将弹出图 5 - 217 所示的面板菜单。选择"新建通道"命令，打开"新建通道"对话框，如图 5 - 218 所示。单击"确定"按钮，即可创建一个新通道，默认名为"Alpha 1"，如图 5 - 219 所示。

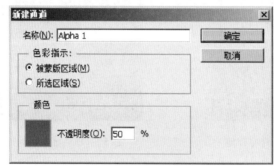

图 5 - 217　面板菜单　　　　图 5 - 218　"新建通道"对话框　　　　图 5 - 219　创建新通道

另外，单击"通道"控制面板下方的"创建新通道"按钮 ，也可以创建一个新通道。

（2）复制通道

"复制通道"命令用于将现有的通道进行复制，以产生相同属性的多个通道。单击"通道"面板右上方的 按钮，在弹出的面板菜单中选择"复制通道"命令，打开"复制通道"对话框，如图 5 - 220 所示。单击"确定"按钮，即可复制出一个新通道，如图 5 - 221 所示。

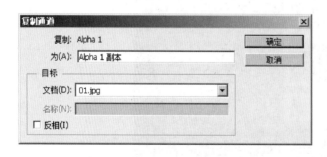

图 5 - 220　"复制通道"对话框　　　　图 5 - 221　复制通道

另外，选中通道，将其拖曳到"通道"控制面板下方的"创建新通道"按钮 ，也可以复制通道。

（3）删除通道

　　不需要的通道可以将其删除,以免影响操作。单击"通道"面板右上方的  按钮,在弹出的面板菜单中选择"删除通道"命令,即可将通道删除。

　　另外,单击"通道"面板下方的"删除当前通道"按钮 🗑,打开提示对话框,如图 5 - 222 所示。单击"是"按钮,也可将通道删除。将通道直接拖动到"删除当前通道"按钮 🗑 上可直接删除通道。

图 5 - 222　提示对话框

3. Alpha 通道

　　Alpha 通道是通道的重要组成部分,使用 Alpha 通道不仅可以保存选区,还可以将选区存储为灰度图像。然后,可以使用画笔、加深、减淡等工具以及各种滤镜,通过编辑 Alpha 通道来修改选区。另外,还可以通过 Alpha 通道载入选区。

　　在 Alpha 通道中,白色代表可以被选择的区域,黑色代表不能被选择的区域,灰色代表可以被部分选择的区域。用白色涂抹 Alpha 通道可以扩大选区的范围;用黑色涂抹 Alpha 通道则会收缩选区;用灰色涂抹可以增加羽化的范围。

　　打开素材图像"鹦鹉 . jpg",如图 5 - 223 所示。在 Alpha 通道中,使用"渐变工具"制作一个呈现灰度阶梯的区域,如图 5 - 224 所示。单击"通道"面板下方的"将通道作为选区载入"按钮 ⬚,可以载入通道的选区,如图 5 - 225 所示。按【Ctrl + D】组合键取消选区,并使用黑色画笔涂抹 Alpha 通道,如图 5 - 226 所示。此时,将通道作为选区载入,通道内的选区将会收缩,如图 5 - 227 所示。

图 5 - 223　素材图像"鹦鹉"

图 5 - 224　制作灰度阶梯选区

图 5 - 225　载入选区

图 5 - 226　用黑色画笔涂抹 Alpha 通道

图 5 - 227　通道内的选区收缩

4. 内容感知移动工具

"内容感知移动工具" ![icon]是 Photoshop CS6 版本中的一个新增工具,当移动图片中选中的某个区域时,它可以智能填充原来的位置。使用"内容感知移动工具"时,要先为需要移动的区域创建选区,然后将其拖动到所需位置即可。选择"内容感知移动工具",其选项栏如图 5 – 228 所示。

图 5 – 228　"内容感知移动工具"选项栏

"内容感知移动工具"选项栏中各选项的解释如下:

- 模式:在该下拉列表中,可以选择"移动"和"扩展"两种模式。其中,"移动"选项是将选取的区域内容移动到其他位置,并自动填充原来的区域;"扩展"选项是将选取的区域内容复制到其他位置,并自动填充原来的区域。
- 适应:在该下拉列表中,可以设置选择区域保留的严格程度,包含"非常严格""严格""中""松散""非常松散"五个选项。

打开素材图像"鸭子.jpg",如图 5 – 229 所示。选择"内容感知移动工具",在选项栏中将"模式"设置为"移动",其他选项保持默认设置。在图像中需要移动的区域创建选区,如图 5 – 230 所示。然后,将鼠标指针放在选区内,单击并向画面左侧拖动鼠标,如图 5 – 231 所示。释放鼠标后,选区内的图像将会被移动到新的位置,如图 5 – 232 所示。

图 5 – 229　素材图像"鸭子"

图 5 – 230　创建选区

图 5 – 231　向左侧拖动鼠标

图 5 – 232　图像被移动到新的位置

5. 修补工具

"修补工具" 使用其他区域中的像素来修复选中的区域,并将样本像素的纹理、光照和阴影与源像素进行匹配。该工具的特别之处是需要用选区来定位修补范围。选择"修补工具",其选项栏如图 5-233 所示。

图 5-233　"修补工具"选项栏

"修补工具"选项栏中各选项的解释如下:

- 源:选择该单选按钮,如果将源图像选区拖至目标区域,则源区域图像将被目标区域的图像覆盖。
- 目标:选择该单选按钮,表示将选定区域作为目标区域,用其覆盖需要修补的区域。
- 透明:选择该复选按钮,可以将图像中差异较大的形状图像或颜色修补到目标区域中。
- 使用图案:创建选区后该按钮将被激活,单击其右侧的下拉按钮,可以在打开的图案列表中选择一种图案,以对选区图像进行图案修复。

打开素材图像"可爱小孩.jpg",如图 5-234 所示。选择"修补工具",并在选项栏中选择"目标"单选按钮,其他选项保持默认设置。在图像中单击并拖动鼠标绘制选区,如图 5-235 所示。然后,将鼠标指针放在选区内,单击并向左拖动鼠标即可复制图像,如图 5-236 所示。按【Ctrl+D】组合键取消选区,效果如图 5-237 所示。

5-234　素材图像"可爱小孩"

图 5-235　绘制选区

图 5-236　复制图像

图 5-237　修补完成

6. 图案图章工具

"图案图章工具" 可以将系统自带的或预先定义的图案复制到图像中。选择"图案图章工具"后,其选项栏如图 5 – 238 所示。

图 5 – 238 "图案图章工具"选项栏

单击"图案"下拉按钮,将弹出"图案"面板,如图 5 – 239 所示,可以选择系统预设或已经预定的图案。此时,单击 ⚙ 按钮,从弹出的菜单中可以选择"新建图案""载入图案""保存图案""删除图案"等命令,如图 5 – 240 所示。

图 5 – 239 "图案"面板　　　　　　　图 5 – 240 "图案"菜单

打开素材图像"嘴唇.jpg",如图 5 – 241 所示。选择"图案图章工具",在要定义为图案的图像上绘制选区,如图 5 – 242 所示。然后,执行"编辑→定义图案"命令,打开"图案名称"对话框,如图 5 – 243 所示。单击"确定"按钮,定义选区中的图像为图案,然后,按【Ctrl + D】组合键取消选区。

在"图案图章工具"选项栏中,选择定义好的图案,如图 5 – 244 所示。然后,在画面中合适的位置单击,并按住鼠标左键不放进行涂抹,即可复制出已定义的图案,效果如图 5 – 245 所示。

图 5 – 241 素材图像"嘴唇" 　　　　　　图 5 – 242 绘制选区

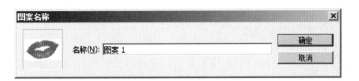

图 5 – 243 "图案名称"对话框

图 5 – 244 选择定义好的图案

图 5 – 245 复制已定义的图案

动手实践

请使用图 5 – 246 所示的素材,结合本章所学知识绘制图 5 – 247 所示的图像。

图 5 – 246 盆栽花

图 5 – 247 云朵屏保

扫描下方的二维码,可查看实现过程。

第6章

图层混合模式与蒙版

学习目标

◆ 掌握图层混合模式的应用,能够控制图层之间的颜色融合。

◆ 掌握蒙版的应用,能够熟练进行蒙版的增删改。

◆ 了解剪贴蒙版,能够区分图层蒙版和剪贴蒙版的差异。

图像合成是 Photoshop 标志性的应用领域,在使用 Photoshop CS6 进行图像合成时,应用"图层混合模式"和"蒙版"可制作出丰富多彩而且能即时修改的图像效果。

6.1 【案例 15】为砧板添加 LOGO

在 Photoshop CS6 中,通过"图层混合模式"可以更好地控制图层之间颜色的融合。本节使用"图层混合模式"中常用的"正片叠底"为砧板添加 LOGO,其效果如图 6-1 所示。通过本案例的学习,应了解"图层混合模式"并掌握"正片叠底"的运用方法。

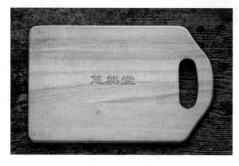

图 6-1 "砧板 LOGO"效果展示

实现步骤

1. 添加背景和文字

 Step 01 打开素材图像"砧板.jpg",如图 6-2 所示。

图 6 - 2　素材图像"砧板"

Step 02 按【Ctrl + Shift + S】组合键,以名称"【案例 15】为砧板添加 Logo. psd"保存图像。

Step 03 选择"横排文字工具" ，在画布中创建文字"悠然堂",设置字体为创艺简隶书、字号大小为 52 点、"消除锯齿"方法为"平滑",如图 6 - 3 所示。

图 6 - 3　"横排文字工具"选项栏

Step 04 设置前景色为淡黄色(RGB:228、206、156),按【Alt + Delete】组合键为文字填充前景色,效果如图 6 - 4 所示(与砧板颜色相近)。

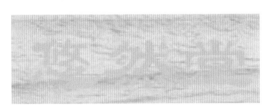

图 6 - 4　填充前景色

2. 设置图层混合模式

Step 01 在"图层"面板中,单击"图层混合模式"下拉按钮,如图 6 - 5 所示。

Step 02 在弹出的下拉列表中选择"正片叠底"选项,此时文字图层的效果将发生变化,如图 6 - 6 所示。

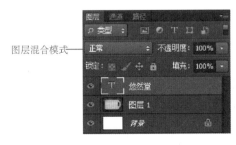

图 6 - 5　单击"图层混合模式"下拉按钮　　　　图 6 - 6　正片叠底效果

Step 03 双击文本图层的缩略图,在打开的"图层样式"对话框中勾选"内阴影"复选框,参数设置如图 6-7 所示,单击"确定"按钮。接着,在"图层"面板中调整"不透明度"为80%,效果如图 6-8 所示。

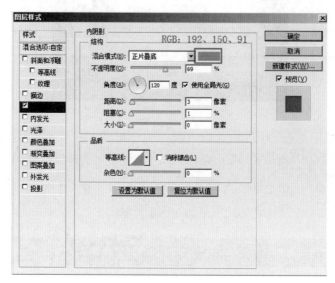

图 6-7　"内阴影"参数设置

图 6-8　不透明度为 80% 的效果

知识点讲解

1. 认识图层混合模式

为了实现一些绚丽的效果,在进行图像合成时,经常需要对多个图层进行颜色的融合,这时就需要使用图层的混合模式。混合模式是指一个图层与其下方图层的混合方式,在Photoshop 中默认的图层混合模式为"正常",除了"正常"外还有多种混合模式。在"图层"面板中,单击"图层混合模式"按钮,会弹出下拉列表,如图 6-9 所示。

由图 6-9 可见,Photoshop 将图层混合模式分为六大组,共 27 个混合模式,其中常用的图层混合模式有"正片叠底""叠加""滤色"等。值得注意的是,由于混合模式用于控制上下两个图层(本书统一将上方图层称为"混合色",下方图层称为"基色",得到的效果称为"结果色")在叠加时所显示的整体效果,因此通常为上方的图层设置混合模式。

2. 正片叠底

"正片叠底"是 Photoshop 中最常用的图层混合模式之一，通过"正片叠底"模式可以将图像的原有颜色与混合色复合，得到较暗的结果色。单击"图层混合模式"下拉按钮，在下拉列表中可选择"正片叠底"模式，如图 6 - 10 所示。

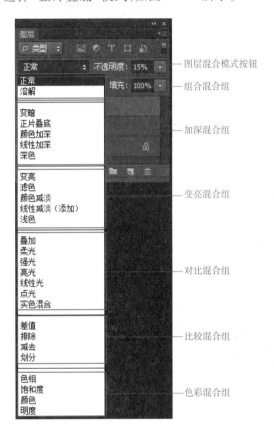

图 6 - 9　"图层混合模式"下拉列表　　　　图 6 - 10　选择"正片叠底"

在"正片叠底"模式下，任何颜色与黑色混合产生黑色，如图 6 - 11 所示。与白色混合保持不变，如图 6 - 12 所示。与其他颜色混合会得到结果色较暗的图像，如图 6 - 13 所示。因此，在进行图像合成时，常用"正片叠底"来添加阴影或保留图像中的深色部分，图 6 - 14 所示的"陶瓷杯 Logo"就是应用"正片叠底"模式制作的。

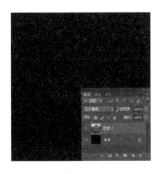

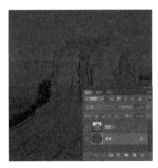

图 6 - 11　黑色背景　　　　图 6 - 12　白色背景　　　　图 6 - 13　红色背景

图 6 – 14　陶瓷杯 LOGO

6.2　【案例 16】闪电效果

通过上一节的学习,已经对"图层混合模式"有了一定的认识,本节继续使用"图层混合模式"中常用的"叠加"和"滤色"制作"闪电效果",其效果如图 6 – 15 所示。通过本案例的学习,应掌握"滤色"和"叠加"两种混合模式的运用方法。

图 6 – 15　"闪电效果"效果展示

✘ 实现步骤

1. 制作背景

Step 01　打开素材图像"天空 . jpg",如图 6 – 16 所示。

Step 02　按【Ctrl + Shift + S】组合键,以名称"【案例 16】闪电效果 . psd"保存图像。

Step 03　按【Ctrl + Shift + Alt + N】组合键新建"图层 1"。选择"渐变工具" ，在"图层 1"中绘制蓝色(RGB:1、140、248)到透明的径向渐变,如图 6 – 17 所示。

图 6 – 16 素材图像"天空"

图 6 – 17 绘制径向渐变

Step 04 在"图层"面板中,设置"图层 1"的"图层混合模式"为叠加。

Step 05 按【Ctrl + J】组合键,复制得到"图层 1 副本"。按【Shift + Ctrl + Delete】组合键,锁定透明图层并填充白色背景色,如图 6 – 18 所示。

Step 06 按【Ctrl + J】组合键,复制"图层 1 副本",得到"图层 1 副本 2",使显示效果更明显。按【Ctrl + T】组合键调出定界框,调整图层对象至合适大小,按【Enter】键确认自由变换,如图 6 – 19 所示。

图 6 – 18 复制图层并填充白色

图 6 – 19 再次复制图层并调整对象大小

2. 调整闪电素材

Step 01 打开素材图像"闪电 . jpg",如图 6 – 20 所示。

Step 02 选择"移动工具" ,将其拖动到"【案例 16】闪电效果 . psd"所在的画布中,并移动到合适的位置,得到"图层 2",如图 6 – 21 所示。

Step 03 在"图层"面板中,设置"图层 2"的"图层混合模式"为滤色,这时"图层 2"中会出现一个半透明的边框,如图 6 – 22 所示。

Step 04 按【Ctrl + M】组合键,在打开的"曲线"对话框中拖动曲线向下弯曲,如图 6 – 23 所示,直到"图层 2"上的边框消失,单击"确定"按钮。

图 6-20　素材图像"闪电"　　　图 6-21　置入素材　　　图 6-22　"滤色"效果

Step 05 按【Ctrl + U】组合键,打开"色相/饱和度"对话框,勾选"着色"复选框。单击"确定"按钮,此时闪电将变为浅蓝色,如图 6-24 所示。

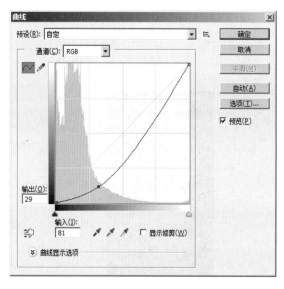

图 6-23　"曲线"对话框　　　　　　　图 6-24　"色相/饱和度"效果

知识点讲解

1. 叠加

"叠加"是"正片叠底"和"滤色"的组合模式。采用此模式合并图像时,图像的中间调会发生变化,高色调和暗色调基本保持不变,如图 6-25 所示。

通过图 6-25 容易看出,当选择"叠加"模式后,图像的高色调和暗色调区域,如"黑色""白色"等没有变化,但图像的中间调区域,如"褐色""蓝色"等都发生了或明或暗的变化。

鉴于"叠加"的这种特性,通常运用"叠加"来制作图像中的高光、亮色部分,如图 6-26 所示。

混合模式为"正常"

混合模式为"叠加"

图 6 - 25　叠加效果对比图

图 6 - 26　高光背景

2. 滤色

"滤色"模式与"正片叠底"模式相反,应用"滤色"模式的合成图像,其结果色将比原有颜色更淡。因此"滤色"通常会用于加亮图像或去掉图像中的暗调色部分,如图 6 - 27 所示。

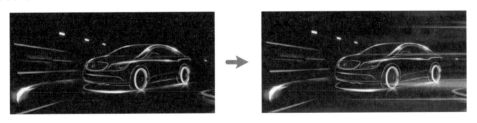

图 6 - 27　滤色效果对比图

通过图 6 - 27 中的对比,可见"滤色"就是保留两个图层中较白的部分,并且遮盖较暗部分的一种图层混合模式。

3. 其他图层混合模式

除了上述几种图层混合模式,在使用 Photoshop CS6 进行图像合成时,还会用到其他图层混合模式。图 6 - 28 所示为一个 psd 格式的分层文件,通过调整混合色的图层混合模式,观察不同混合模式的不同效果。

- 正常:默认的图层混合模式,用混合色的颜色叠加基层颜色。当图层的不透明度为100% 时,显示混合色的颜色,如图 6 - 29 所示。
- 溶解:使用该混合模式时,结果色的显示同样与不透明度的设置有关,但与"正常"混合模式不同的是,该模式的混合色会以一种点状喷雾式的形式混合在基色上。随着不透明度的降低,混合色中的像素点会越来越分散,如图 6 - 30 所示。

图 6 – 28　分层文件

图 6 – 29　正常混合模式效果

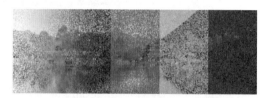

图 6 – 30　溶解混合模式效果

- 变暗:在混合时将绘制的颜色与基色之间的亮度进行比较,亮于基色的颜色都被替换, 暗于底色的颜色作为结果色显示出来,如图 6 – 31 所示。
- 颜色加深:通过增加对比度来加强深色区域,基色中的白色保持不变,效果如图 6 – 32 所示。

图 6 – 31　变暗混合模式效果

图 6 – 32　颜色加深混合模式效果

- 线性加深:通过减小亮度使像素变暗,效果如图 6 – 33 所示。
- 深色:比较基色和混合色图层的通道值的总和,结果色显示为颜色值较小的颜色,不会 产生第三种颜色,效果如图 6 – 34 所示。

图 6 – 33　线性加深混合模式效果

图 6 – 34　深色混合模式效果

- 变亮:使用"变亮"模式混合时,基色中较亮的像素将被混合色中较亮的像素取代,而基色中较亮的像素保持不变,如图 6 – 35 所示。
- 颜色减淡:通过减小对比度来使基色变亮,使颜色变得更加饱满,效果如图 6 – 36 所示。

图 6 – 35　变亮混合模式效果

图 6 – 36　颜色减淡混合模式效果

- 线性减淡(添加):与"线性加深"模式正好相反,该模式是通过增加亮度来减淡颜色,效果如图 6 – 37 所示。
- 浅色:比较基色和混合色图层的通道值的总和,结果色显示为颜色值较大的颜色,不会产生第三种颜色,效果如图 6 – 38 所示。

图 6 – 37　线性减淡(添加)混合模式效果

图 6 – 38　浅色混合模式效果

- 柔光:是根据基色的明暗程度来决定结果色是变亮还是变暗,如图 6 – 39 所示。
- 强光:同柔光一样,是根据图像的明暗程度来决定图像的最终效果是变亮还是变暗。此外,选择"强光"模式还可以产生类似聚光灯照射图像的效果,如图 6 – 40 所示。

图 6 – 39　柔光混合模式效果

图 6 – 40　强光混合模式效果

- 亮光:通过增加或降低基色的对比度来加深或减淡图像的颜色,如图 6 – 41 所示。
- 线性光:通过增加或降低基色的亮度来加深或减淡图像的颜色,如图 6 – 42 所示。

图 6 – 41　亮光混合模式效果

图 6 – 42　线性光混合模式效果

- 点光:根据当前图层的亮度来替换颜色,如图 6 – 43 所示。
- 实色混合:实色混合是把混合色颜色中的红、绿、蓝通道数值,添加到基色的 RGB 值中,得到的结果色是非常纯的颜色,如图 6 – 44 所示。

图 6 – 43　点光混合模式效果　　　　　图 6 – 44　实色混合混合模式效果

- 差值:将混合色与基色颜色的亮度进行对比,用较亮颜色的像素值减去较暗颜色的像素值,如图 6 – 45 所示。
- 排除:该模式和"差值"模式效果类似,但是比"差值"模式的效果要柔和、明亮,具有高对比度和低饱和度的特点,如图 6 – 46 所示。

图 6 – 45　差值混合模式效果　　　　　图 6 – 46　排除混合模式效果

- 减去:查看每个通道中的颜色信息,并从基色中减去混合色,如图 6 – 47 所示。
- 划分:当使用该模式时,如果混合色与基色相同则结果色为白色,如果混合色为白色则结果色为基色,如果混合色为黑色则结果色为白色,效果如图 6 – 48 所示。

图 6 – 47　减去混合模式效果　　　　　图 6 – 48　划分混合模式效果

- 色相:"色相"模式是用混合色的色相值去替换基色的色相值,而饱和度与亮度不变。如图 6 – 49 所示。
- 饱和度:用混合图层的饱和度去替换基层图像的饱和度,而色相值与亮度不变。混合色只改变图片的鲜艳度,不影响颜色,效果如图 6 – 50 所示。

图 6 – 49　色相混合模式效果　　　　　图 6 – 50　饱和度混合模式效果

注意:

在饱和度为 0% 的情况下,选择此模式图像将不发生变化。

- 颜色:用混合色的色相值与饱和度替换基色的色相值和饱和度,而亮度保持不变。这种模式下混合色控制整个画面的颜色,是黑白图片上色的绝佳模式,因为这种模式下会保留基色图片也就是黑白图片的明度,如图 6 – 51 所示。
- 明度:是指用混合色的亮度值去替换基色的亮度值,而色相值与饱和度不变。跟颜色模式刚好相反,因此混合色图片只能影响图片的明暗度,不能对基色的颜色产生影响,黑、白、灰除外,如图 6 – 52 所示。

图 6 – 51　颜色混合模式效果　　　　　　　图 6 – 52　明度混合模式效果

6.3　【案例 17】播放器图标

在使用 Photoshop CS6 进行图像合成时,"蒙版"可以隔离和保护选区之外的未选中区域,使其不被编辑,极大地方便了图像的编辑和修改。本节将综合运用前面所学的知识及"蒙版"绘制一款"播放器图标",其效果如图 6 – 53 所示。通过本案例的学习,应掌握"蒙版"的基本应用。

 实现步骤

1. 绘制播放器背景

图 6 – 53　"播放器图标"效果展示

Step 01 按【Ctrl + N】组合键,在打开的对话框中
设置"宽度"为 800 像素、"高度"为 800 像素、"分辨率"为 72 像素/英寸、"颜色模式"为 RGB 颜色、"背景内容"为白色,单击"确定"按钮。

Step 02 按【Ctrl + S】组合键,以名称"【案例 17】播放器图标 . psd"保存图像。

Step 03 设置前景色为蓝色(RGB:9、73、158),按【Alt + Delete】组合键填充前景色,如图 6 – 54 所示。

Step 04 打开素材图像"纹理 . jpg"。选择"移动工具" ，将素材拖到蓝色背景中,并使素材铺满整个背景,如图 6 – 55 所示。

图 6-54　填充前景色

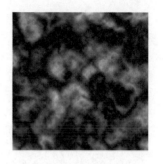

图 6-55　素材图像"纹理"

Step 05 在"图层"面板中,设置"纹理"的"图层混合模式"为正片叠底,画面效果如图 6-56 所示。

Step 06 按【Ctrl + Shift + Alt + N】组合键新建"图层 1"。选择"渐变工具" ，在"图层 1"中绘制蓝色(RGB:9、73、158)到透明的径向渐变,如图 6-57 所示。

图 6-56　正片叠底效果

图 6-57　绘制径向渐变

Step 07 选择"椭圆工具" ，在画布中绘制一个正圆形状,得到"椭圆 1"图层。设置"填充"为无颜色、"描边"为白色、"描边宽度"为 1 点、实线,效果如图 6-58 所示。

Step 08 在"图层"面板中,设置"椭圆 1"的"图层混合模式"为叠加,效果如图 6-59 所示。

Step 09 选中背景部分的所有图层,按【Ctrl + G】组合键对图层对象进行编组,命名为"播放器背景"。

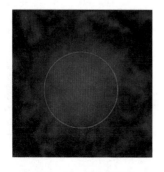

图 6-58　绘制正圆

图 6-59　叠加模式效果

2. 绘制播放器基本形状

Step 01 选择"椭圆工具" ，在画布中绘制一个正圆，命名为"外框4"，将其填充颜色设置为浅蓝色（RGB：176、216、254），如图6-60所示。

Step 02 按【Ctrl+J】组合键，复制"外框4"，将复制的图层命名为"外框3"并将其填充为白色。

Step 03 按【Ctrl+T】组合键调出定界框，调整"外框3"至合适大小，效果如图6-61所示。

图6-60　绘制正圆

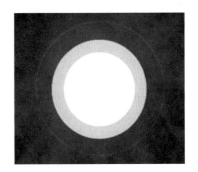

图6-61　调整"外框3"图层

Step 04 按【Ctrl+J】组合键，复制"外框3"，将复制的图层命名为"外框2"并填充为深蓝色（RGB：8、64、139）。然后，通过自由变换将其调整至合适大小，如图6-62所示。

Step 05 选择"自定形状工具" ，在其选项栏中单击"形状"下拉按钮，弹出图6-63所示的面板。

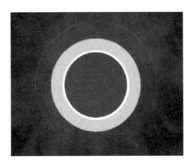

图6-62　复制图层

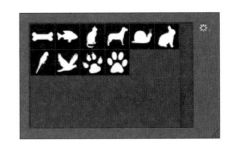

图6-63　"形状"面板

Step 06 单击面板右侧的 按钮，在弹出的下拉菜单中选择"全部"命令，如图6-64所示。在打开的对话框中，单击"确定"按钮。

Step 07 选择面板中的"圆角三角形"，如图6-65所示，按住鼠标左键不放，在画布中拖动，即可绘制一个圆角三角形。将得到的新图层命名为"中心按钮"。

Step 08 设置前景色为橙黄色（RGB：255、132、0），按【Alt + Delete】组合键为"圆角三角形"填充前景色。按【Ctrl + T】组合键调出定界框，适当旋转"圆角三角形"，效果如图 6 - 66 所示。

图 6 - 64　全部形状

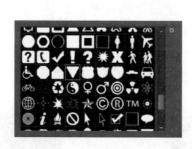

图 6 - 65　圆角三角形

图 6 - 66　填充前景色

Step 09 选中播放器基本形状的所有图层，按【Ctrl + G】组合键对图层对象进行编组，命名为"播放器形状"。

3. 添加图层样式

Step 01 双击"外框 4"图层的空白处，在打开的"图层样式"对话框中勾选"斜面浮雕"复选框，设置"斜面大小"为 27 像素、阴影模式的"颜色"为浅蓝色（RGB：152、184、219），具体设置如图 6 - 67 所示。

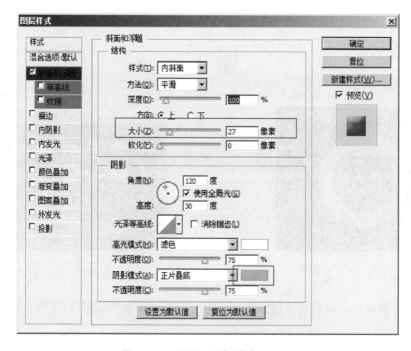

图 6 - 67　"斜面和浮雕"参数设置

Step 02 勾选"渐变叠加"复选框,设置浅蓝色(RGB:173、215、255)到白色的线性渐变、"渐变角度"为 135°,如图 6 - 68 所示。单击"确定"按钮,"外框 4"的最终效果如图 6 - 69 所示。

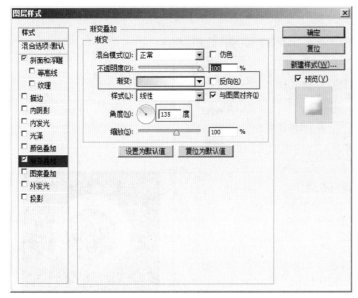

图 6 - 68　"渐变叠加"参数设置　　　　　　　　　　图 6 - 69　"外框 4"效果

Step 03 双击"外框 3"图层的空白处,在打开的"图层样式"对话框中勾选"投影"复选框,设置阴影颜色为深蓝色(RGB:8、68、147),单击"确定"按钮,效果如图 6 - 70 所示。

Step 04 双击"外框 2"图层的空白处,在打开的"图层样式"对话框中勾选"内阴影"复选框,设置内阴影"大小"为 10 像素,如图 6 - 71 所示。

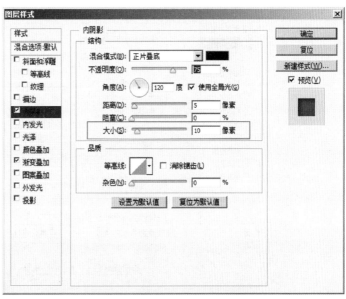

图 6 - 70　投影效果　　　　　　　　　　　　　　　图 6 - 71　"内阴影"参数设置

Step 05 勾选"渐变叠加"复选框,设置深蓝(RGB:7、65、139)到浅蓝(RGB:16、104、216)的线性渐变、"渐变角度"为120°,如图 6 − 72 所示。单击"确定"按钮,"外框 2"的最终效果如图 6 − 73 所示。

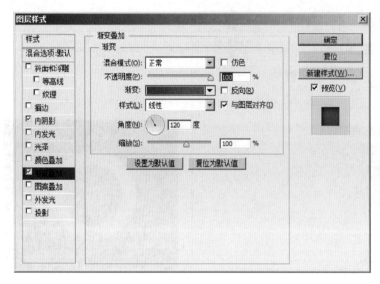

图 6 − 72　"渐变叠加"参数设置　　　　　　图 6 − 73　"外框 2"的效果

Step 06 双击"中心按钮"图层的空白处,在打开的"图层样式"对话框中勾选"斜面和浮雕"复选框,设置"样式"为内斜面、"方法"为平滑、"方向"为上、"大小"为 21 像素、阴影"颜色"为淡黄色(RGB:214、162、128),如图 6 − 74 所示。

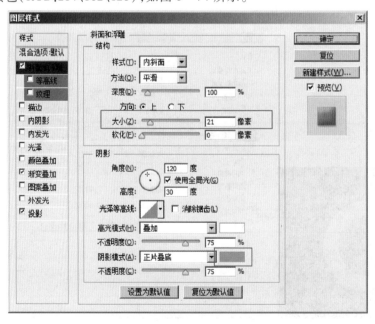

图 6 − 74　"斜面和浮雕"参数设置

Step 07 勾选"渐变叠加"复选框，设置橙色（RGB：255、84、0）到浅橙色（RGB：255、132、0）的线性渐变、"渐变角度"为 90°，如图 6－75 所示。

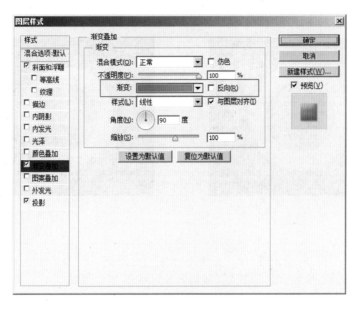

图 6－75　"渐变叠加"参数设置

Step 08 勾选"投影"复选框，设置"不透明度"为 20%、"距离"和"大小"均为 2 像素，如图 6－76 所示。单击"确定"按钮，"中心按钮"的最终效果如图 6－77 所示。

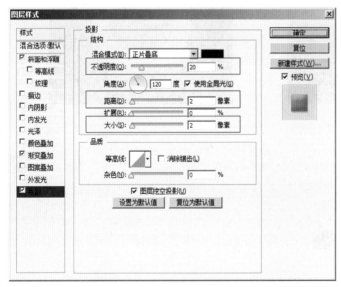

图 6－76　"投影"参数设置

图 6－77　"中心按钮"的效果

4. 添加基本光效

Step 01 按【Ctrl + Shift + Alt + N】组合键新建"图层 2"，选择"渐变工具" ，在新建

图层中绘制白色到透明的径向渐变,如图 6 – 78 所示。

Step 02 按【Ctrl + T】组合键调出定界框,右击定界框,在弹出的对话框中选择"透视"命令,调整"图层 2"的形状,如图 6 – 79 所示。按【Enter】键,确认变换操作。

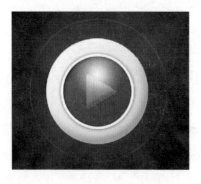

图 6 – 78 径向渐变效果   图 6 – 79 透视效果

Step 03 在"图层"面板中,设置"图层 2"的"图层混合模式"为叠加。然后按【Ctrl + T】组合键,旋转图层对象至合适位置,效果如图 6 – 80 所示。

Step 04 按【Ctrl + J】组合键复制"图层 2",使受光面更加突出,如图 6 – 81 所示。

图 6 – 80 叠加效果   图 6 – 81 增强受光面

Step 05 按【Ctrl + Shift + Alt + N】组合键新建"图层 3"。选择"椭圆选框工具",在选项栏中设置"羽化"为 1 像素,在"图层 3"中绘制一个椭圆选区,并填充白色,如图 6 – 82 所示。按【Ctrl + D】组合键,取消选区。

Step 06 运用"移动工具"和自由变换移动并旋转"图层 3"至合适位置,效果如图 6 – 83 所示。

Step 07 重复运用 Step05 和 Step06 中的方法,新建"图层 4"并再次绘制一个高光点,如图 6 – 84 所示。

Step 08 按【Ctrl + Shift + Alt + N】组合键,新建"图层 5",选择"渐变工具",在新建图层中绘制白色到透明的径向渐变,如图 6 – 85 所示。

图 6 – 82　绘制椭圆选区

图 6 – 83　移动和旋转椭圆

Step 09 按照 Step02 和 Step03 中的方法调整"图层 5",得到反光区域,效果如图 6 – 86 所示。

图 6 – 84　重复操作

图 6 – 85　绘制径向渐变

图 6 – 86　绘制反光区域

Step 10 选中样式和光效部分的图层,按【Ctrl + G】组合键进行编组,命名为"样式和光效"。

5. 制作蒙版光效

Step 01 在"图层"面板中,单击"创建新组"按钮 ▢▢,创建一个组并重命名为"蒙版光效",如图 6 – 87 所示。

Step 02 选择"椭圆选框工具" ▢▢,在画布中绘制一个正圆选区,如图 6 – 88 所示。

图 6 – 87　创建图层组

图 6 – 88　绘制正圆选区

Step 03 单击"图层"面板下方的"添加图层蒙版"按钮 ，为图层组添加一个蒙版，如图 6-89 所示，此时画面中的选区会消失。

Step 04 按住【Ctrl】键不放，单击"图层"面板中的图层蒙版缩览图，将其载入选区。按【Ctrl + Shift + Alt + N】组合键新建"图层 6"，为选区填充白色，如图 6-90 所示。

图 6-89　为组添加蒙版　　　　　图 6-90　载入选区并填充

Step 05 按【Shift + F6】组合键，在打开的"羽化选区"对话框中设置"羽化"为 5 像素，单击"确定"按钮，如图 6-91 所示。

Step 06 通过【↓】、【→】方向键，移动选区至合适位置，如图 6-92 所示。

图 6-91　"羽化选区"对话框　　　　图 6-92　移动选区

Step 07 按【Delete】键，删除选区中的内容。按【Ctrl + D】组合键，取消选区，设置"图层 6"的"图层混合模式"为叠加，效果如图 6-93 所示。

Step 08 按【Ctrl + J】组合键，复制得到"图层 6 副本"。将"图层 6 副本"旋转至合适位置，如图 6-94 所示。

图 6-93　叠加效果　　　　图 6-94　复制并调整图层

知识点讲解

1. 认识蒙版

在墙体上喷绘一些广告标语时,常会用一些挖空广告内容的板子遮住墙体,然后在上面喷色。将板子拿下后,广告标语就工整的印在墙体上了,这个板子就起到了"蒙版"的作用。"蒙版"可以理解为"蒙在上面的板子",通过这个"板子"可以保护图层对象中未被选中的区域,使其不被编辑,如图 6 – 95 所示。

在图 6 – 95 中,只显示了"环境保护"4 个字作为可编辑区域,不需要显示的部分则可以通过"蒙版"隐藏。当取消"蒙版"时,整个墙体将作为可编辑区域,全部显示在画布中,如图 6 – 96 所示。

图 6 – 95 蒙版效果　　　　　　　　　　　图 6 – 96 取消蒙版效果

在"蒙版"中,"黑色"为"蒙版"的保护区域,可隐藏不被编辑的图像,"白色"为"蒙版"的编辑区域,用于显示需要编辑的图像部分,"灰色"为"蒙版"的部分显示区域,在此区域的图像会显示半透明状态,如图 6 – 97 所示。

在 Photoshop CS6 中,主要的蒙版类型有图层蒙版、剪贴蒙版和矢量蒙版,其中常用的蒙版类型是图层蒙版和剪贴蒙版。

2. 图层蒙版

简单地说,"图层蒙版"就是在图层上直接建立的蒙版,通过对蒙版进行编辑、隐藏、链接、删除等操作完成图层对象的编辑。

(1)添加图层蒙版

在"图层"面板中单击"添加图层蒙版"按钮 ,即可为选中的图层添加一个"图层蒙版",如图 6 – 98 所示。

(2)显示和隐藏图层蒙版

按住【Alt】键不放,单击"图层"面板中的图层蒙版缩览图,画布中的图像将被隐藏,只显示蒙版图像,如图 6 – 99 所示。按住【Alt】键不放,再次单击图层蒙版缩览图,将恢复画布中的图像效果。

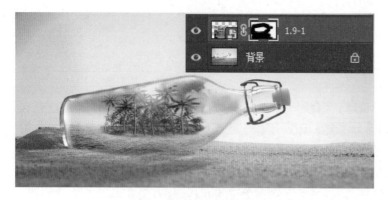 

图 6-97　蒙版中的颜色　　　　　　　　　　图 6-98　添加图层蒙版

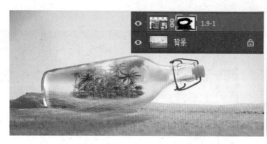 

图 6-99　显示蒙版图像

（3）图层蒙版的链接

在"图层"面板中，图层缩览图和图层蒙版缩览图之间存在"链接"图标，用来关联图像和蒙版，当移动图像时，蒙版会同步移动。单击"链接"图标时，将不再显示此图标，此时可以分别对图像与蒙版进行操作。

（4）停用和恢复图层蒙版

执行"图层→图层蒙版→停用"命令（或按住【Shift】键不放，单击图层蒙版缩览图），可停用被选中的图层蒙版，此时图像将全部显示，如图 6-100 所示。再次单击图层蒙版缩览图，将恢复图层蒙版效果。

（5）删除图层蒙版

执行"图层→图层蒙版→删除"命令（或在图层蒙版缩览图上右击，在弹出的快捷菜单中选择"删除图层蒙版"命令），即可删除被选中的图层蒙版，如图 6-101 所示。

 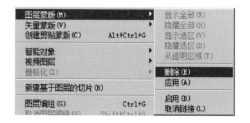

图 6-100　停用图层蒙版后的效果　　　　　图 6-101　删除图层蒙版的操作

多学一招：创建遮盖图层全部的蒙版

执行"图层→图层蒙版→隐藏全部"命令（或按住【Alt】键的同时单击"添加图层蒙版"

按钮██），可创建一个遮盖图层全部的蒙版，如图 6 – 102 所示。

此时图层中的图像将会被蒙版全部隐藏，设置前景色为白色，使用"画笔工具"在

画布中涂抹，即可显示涂抹区域中的图像，如图 6 – 103 所示。

图 6 – 102　遮盖图层全部的蒙版　　　　　　　图 6 – 103　显示图像

3. 剪贴蒙版

剪贴蒙版是通过下方图层的形状来限制上方图层的显示范围，达到一种剪贴画效果的
蒙版，图 6 – 104 所示的"树皮文字"就是应用"剪贴蒙版"制作的。剪贴蒙版的最大优点是可
以通过一个图层来控制多个图层的可见内容，而图层蒙版只能控制一个图层。

在 Photoshop 中，至少需要两个图层才能创建"剪贴蒙版"，通常把位于下方的图层称为
"基底图层"，位于上方的图层称为"剪贴层"。图 6 – 104 中所示的剪贴蒙版效果就是由一个
"文字"基底图层和一个"树皮纹理"的剪贴层组成的，如图 6 – 105 所示。

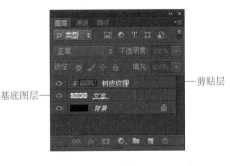

图 6 – 104　剪贴蒙版效果　　　　　　　图 6 – 105　剪贴蒙版的图层组成

选中要作为"剪贴层"的图层，执行"图层→创建剪贴蒙版"命令（或按快捷键【Ctrl + Alt
+ G】），即可用下方相邻图层作为"基底图层"，创建一个剪贴蒙版。"基底图层"的图层名称
下会带一条下画线，如图 6 – 106 所示。

此外，按住【Alt】键不放，将鼠标指针移动到"剪贴层"和"基底图层"之间单击，也可以创
建剪贴蒙版，如图 6 – 107 所示。

图 6－106　基底图层　　　　　　　　图 6－107　创建剪贴蒙版

对于不需要的剪贴蒙版可以将其删除。选择"基底图层"上方的"剪贴层",执行"图层→释放剪贴蒙版"命令(或按【Ctrl + Alt + G】组合键),即可删除剪贴蒙版。

注意:

可以用一个"基底图层"来控制多个"剪贴层",但是这些"剪贴层"必须是相邻且连续的。

动手实践

请使用图 6－108 和图 6－109 所示的素材,应用本章所学的知识合成图 6－110 所示的图像。

图 6－108　文字素材　　　　图 6－109　干裂的土地　　　　图 6－110　公益海报

扫描下方的二维码,可查看实现过程。

第7章

时间轴、动作和3D

学习目标

◆ 掌握"时间轴"面板的使用,能够使用"时间轴"面板制作 gif 动态图。

◆ 掌握动作与批处理等相关的知识,能够使用动作自动批处理图片。

◆ 了解 3D 操作工具,并学会运用 3D 制作立体特效海报。

在 Photoshop CS6 中还提供了动画、动作、3D 等功能,通过这些功能可以制作 gif 图片、批量处理图片及制作 3D 效果的图片。本章结合相关案例带领读者认识并掌握动画、动作和 3D 的基本用法。

7.1 【案例18】制作 gif 动态图

在网站上通常能看到各式各样的动态效果,这些动态图一般为 gif 格式,因此通常被简称为 gif 动态图。在 Photoshop 中可以利用时间轴面板制作 gif 动态图。图 7 - 1 所示是一个进度条的动态图,"橙子"图标会随着进度条一起移动,直到缓冲至100%。通过本案例的学习,应掌握帧模式"时间轴"面板的基本应用。

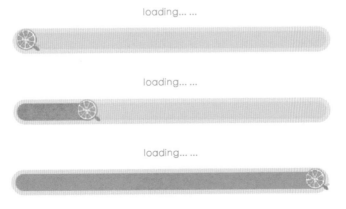

图 7 - 1 进度条效果图

实现步骤

1. 制作静态进度条

Step 01 按【Ctrl + N】组合键,打开"新建"对话框,设置宽度为 1012 像素、高度为 210 像素、分辨率为 72 像素/英寸、颜色模式为 RGB 颜色,如图 7 – 2 所示。按【Ctrl + S】组合键对其进行保存。

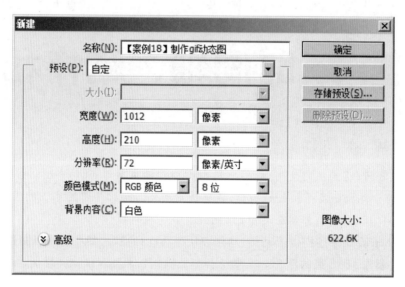

图 7 – 2   "新建"对话框

Step 02 选择"圆角矩形工具" ,设置填充颜色为"黄色"(R:250、G:205、B:137),描边为"无",半径为"30",在画布上绘制一个宽为 890 像素、高为 48 像素的圆角矩形,如图 7 – 3 所示,得到"圆角矩形 1"图层。

图 7 – 3   圆角矩形

Step 03 按【Ctrl + J】组合键,复制"圆角矩形 1"图层,得到"圆角矩形 1 副本"图层,将前景色设置为"橙色"(R:255、G:150、B:0),按【Alt + Delete】组合键填充图层,如图 7 – 4 所示。

图 7 – 4   填充颜色

Step 04 单击"添加图层样式"按钮 ,打开"图层样式"对话框,设置描边的参数,如图 7 - 5 所示。单击"确定"按钮,效果图如图 7 - 6 所示。

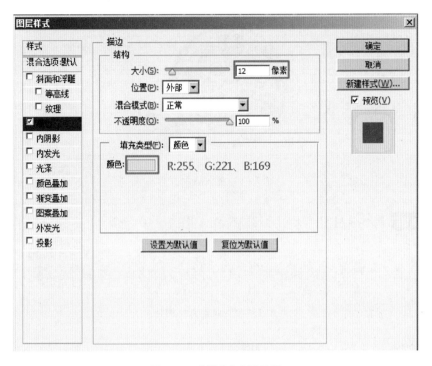

图 7 - 5　"描边"参数设置

图 7 - 6　描边效果

Step 05 按【Ctrl + Alt + G】组合键为"圆角矩形 1 副本"图层创建剪贴蒙版(或按住【Alt】键的同时在两个图层中间单击),如图 7 - 7 所示。移动该图层到合适位置,如图 7 - 8 所示。

图 7 - 7　创建剪贴蒙版

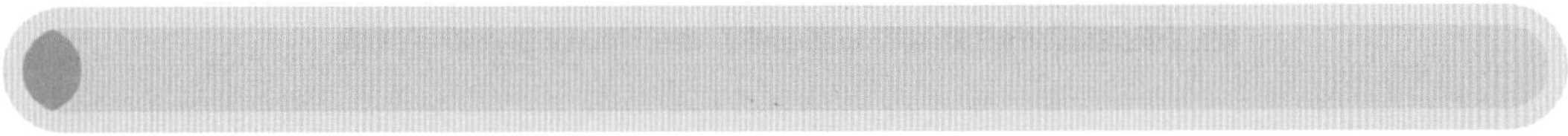

图 7 - 8　移动进度条

Step 06 执行"文件→置入"命令,置入素材文件"橙子.png",如图 7 - 9 所示。

图 7 - 9　置入素材文件

Step 07 调整素材图片大小并移动位置,如图 7 - 10 所示。

图 7 - 10　调整素材图片

Step 08 选择"横排文字工具" T,设置字体为"华文细黑",前景色为橙色(R:255、G:150、B:0),输入"Loading…"文字,效果如图 7 - 11 所示。

图 7 - 11　文字效果图

2. 制作动态进度条

Step 01 执行"窗口→时间轴"命令,在"时间轴"面板中选择"创建帧动画"选项,单击"复制所选帧"按钮 ,添加帧,并设置第一帧和第二帧的帧延迟时间分别为"0.1 秒"和"2秒",如图 7 - 12 所示。

图 7 - 12　设置帧延迟时间

Step 02 在"时间轴"面板中选中第 2 帧,将"橙子"图层和"圆角矩形 1 副本"图层的位置移动到进度条的尾部,如图 7 – 13 所示。

图 7 – 13 移动位置

Step 03 单击"过渡动画帧"按钮 ,在打开的"过渡"对话框中设置参数,如图 7 – 14 所示。单击"确定"按钮,效果图如图 7 – 15 所示。

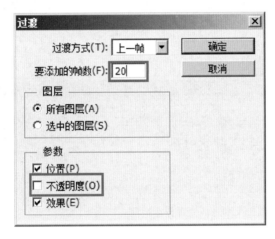

图 7 – 14 "过渡"对话框

图 7 – 15 过渡动画效果图

Step 04 单击"播放"按钮 ,预览效果,并按【Ctrl + S】组合键进行保存。按【Ctrl + Shift + Alt + S】组合键,打开"存储为 Web 所用格式"对话框,将文件存储为 GIF 格式。

 知识点讲解

1. 什么是帧

把动态图下载到计算机上,用 Photoshop 将其打开时,发现 Photoshop 已经把动画分解成一张一张的小图片,如图 7 – 16 所示,每张图片称为"帧"。

图 7 – 16　帧

　　"帧"是动画中最小单位的单幅影像画面,相当于电影胶片上的每一格镜头。每一帧都是静止的图像,快速连续地显示帧便形成了"动"的假象。需要注意的是,每秒帧数越多,所显示的动作就会越流畅。

　　帧分为关键帧和过渡帧,关键帧是指物体运动或变化中的关键动作所处的那一帧,包含动画中关键的图像;而过渡帧可以由 Photoshop 自动生成,从而形成关键帧之间的过渡效果。通常情况下,两个关键帧的中间可以没有过渡帧,但过渡帧前后肯定有关键帧,如图 7 – 17 所示。

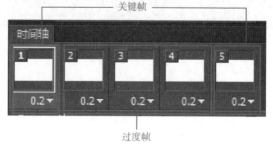

图 7 – 17　帧

　　2. **帧模式时间轴面板**

　　帧模式时间轴面板主要用来制作 gif 动态图,执行"窗口→时间轴"命令,打开"时间轴"面板。单击"创建视频时间轴"下拉按钮,选择"创建帧动画"选项,如图 7 – 18 所示。更改后的"时间轴"面板如图 7 – 19 所示。

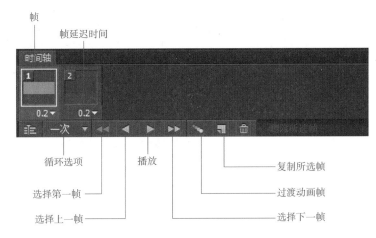

图 7 - 18　选择"创建
视频时间轴"

图 7 - 19　帧动画时间轴

在"时间轴"面板中,会显示动画的每个帧的缩略图,使用面板下方的工具可浏览各个帧、设置循环选项、添加和删除帧以及预览动画等,具体解释如下:

(1)帧

与图层类似,选中某个帧,工作区中即显示该帧内的内容。

(2)帧沿迟时间 0.1▼

用于设置每帧画面所停留的时间,单击该按钮即可设置播放过程中的持续时间。例如设置某一帧的帧沿迟时间为 0.1 s,则播放动画时该帧的画面就会停留 0.1 s。

(3)循环选项 一次 ▼

用于设置动画的播放次数,包括"一次""三次""永远""其他"四个选项。选择"其他"选项,打开"设置循环次数"对话框,输入数值即可自定义播放次数。

(4)选择第一帧

制作动画时,若帧数太多,为了方便快速找到第一帧,可以单击该按钮,单击后可自动选择第一帧。

(5)选择上一帧

和"选择第一帧"按钮类似,单击按钮之后,可自动选择当前帧的前一帧。

(6)播放动画

当想预览动画效果时,单击该按钮即可播放动画,再次单击该按钮则停止播放。

(7)选择下一帧

单击该按钮之后,可自动选择当前帧的下一帧。

(8)过渡动画帧

若想让两帧之间的图层属性发生均匀的变化,可以在两个现有帧之间添加一系列的过渡帧,单击该按钮后,打开"过渡"对话框,如图 7 - 20 所示。在对话框中进行设置后,单击"确定"按钮即可。

图 7 – 20　"过渡"对话框

（9）复制所选帧

当想新建帧或者复制某个帧时，单击该按钮，即可复制当前选中的帧，在面板中添加一帧。

（10）删除所选帧

当某个帧的内容发生错误时，单击该按钮即可删除当前选中的帧。

7.2　【案例19】批量添加水印

在使用 Photoshop 批量处理图片时，经常会重复使用一些功能命令，如一次性把多张图片的分辨率缩小、在多张图像上增加水印等。为了提高工作效率，通常会把这些功能命令录制成"动作"，通过"播放"动作自动完成图片处理。本节利用"动作"对图片进行批量处理，图 7 – 21 和图 7 – 22 所示即为批处理前后的对比示意图。通过本案例的学习，应熟悉"动作"面板和动作的相关操作。

图 7 – 21　批处理前　　　　　　　　　　　　图 7 – 22　批处理后

❖ 实现步骤

1. 制作图案

Step 01 按【Ctrl + N】组合键,打开"新建"对话框。设置宽度为 100 像素、高度为 50 像素、分辨率为 72 像素/英寸、颜色模式为 RGB 颜色、背景内容为透明,单击"确定"按钮,如图 7 - 23 所示,完成画布的创建。

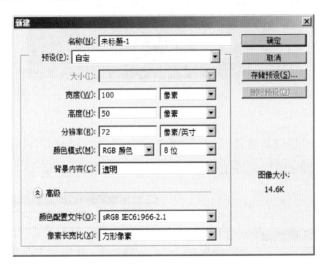

图 7 - 23 "新建"对话框

Step 02 选择"横排文字工具" T,输入文字"@ meng",并设置字体为"Adorable"、字号大小为 26 点、颜色为浅灰色(RGB:196、196、196),效果如图 7 - 24 所示。

Step 03 按【Ctrl + T】组合键调出定界框,将文字旋转成图 7 - 25 所示的角度。

@meng   @meng

图 7 - 24 输入文字(此图为了方便展示,   图 7 - 25 倾斜文字角度(此图为了
　　　实际为透明底)　　　　　　　方便展示,实际为透明底)

Step 04 执行"编辑→定义图案"命令,将文字定义为图案。关闭该文档即可。

2. 录制动作

Step 01 打开素材图像"01.jpg",如图 7 - 26 所示。

Step 02 执行"窗口→动作"命令(或按【Alt + F9】组合键),打开"动作"面板。单击"创建新组"按钮 🗀,在打开的"新建组"对话框中将其命名,如图 7 - 27 所示,单击"确定"按钮。

图 7 – 26　素材图像"01"

Step 03　单击"创建新动作"按钮 ，在打开的"新建动作"对话框中将其命名，如图 7 – 28 所示，单击"记录"按钮开始录制动作。

图 7 – 27　"新建组"对话框

图 7 – 28　"新建动作"对话框

Step 04　新建图层，执行"编辑→填充"命令，在打开的"填充"对话框中，选择图案填充，如图 7 – 29 所示，在"使用"下拉列表中选择刚刚制作的图案。单击"确定"按钮，效果如图 7 – 30 所示。

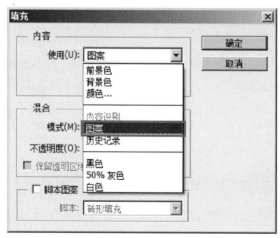

图 7 – 29　"填充"对话框

图 7 - 30 填充图案后的效果

Step 05 在"图层"面板中,将图案所在图层的不透明度设置为 60%,效果如图 7 - 31 所示。

图 7 - 31 不透明度为 60% 的效果

Step 06 在"图层"面板中,将图案所在图层的图层混合模式设置为"正片叠底",效果如图 7 - 32 所示。

Step 07 按【Ctrl + Shift + S】组合键,将其保存为 jpg 格式的图片至指定文件夹,关闭该文档。

Step 08 单击"动作"面板中的"停止播放/记录"按钮▉,停止录制。

图 7-32　正片叠底混合模式效果

3. 批处理

执行"文件→自动→批处理"命令,打开"批处理"对话框,设置"组"和"动作"后,选择需要进行批处理的文件夹,如图 7-33 所示。

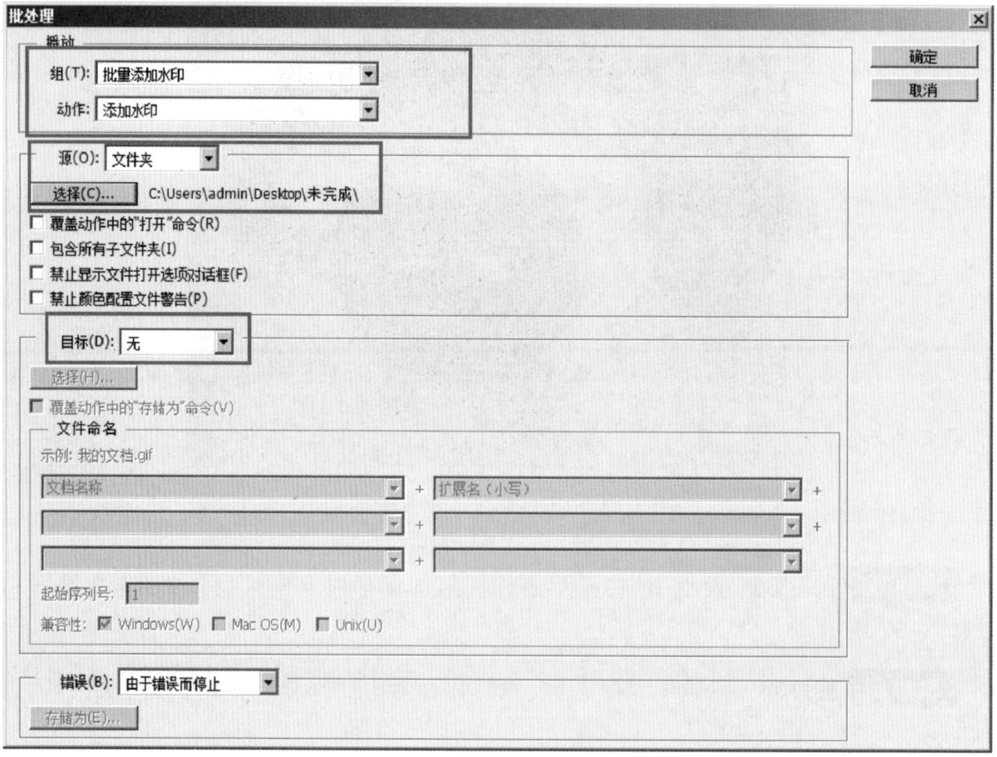

图 7-33　"批处理"对话框

知识点讲解

1. 动作面板

在 Photoshop 中,"动作"是一个非常重要的功能,可以详细记录处理图片的全过程,并应用到其他图像中。"动作"主要包括"动作组""动作""命令",其中"动作组"是一系列动作的集合,"动作"是一系列操作命令的集合,"命令"是用户在 Photoshop 中的每一步操作。单击"命令"前方的展示按钮

图 7 - 34 展开命令列表

▶,可以展开命令列表,显示命令的具体参数,如图 7 - 34 所示。

执行"窗口→动作"命令(或按【Alt + F9】组合键),打开"动作"面板,可以对动作进行创建、播放、修改和删除等操作,如图 7 - 35 所示。

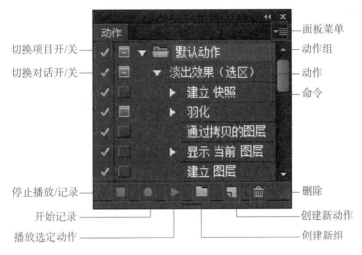

图 7 - 35 "动作"面板

对面板中的各项命令具体解释如下:

(1)面板菜单

除了通过"动作"面板中的按钮编辑动作外,还可以单击"动作"面板右上角的"菜单"按钮 ▼≡,弹出面板菜单,其中包含了 Photoshop 预设的一些动作和一些操作,如图 7 - 36 所示。选择一个动作即可将其载入面板中,如选择"流星"选项,"动作"面板中即可出现"流星"动作,如图 7 - 37 所示。

(2)切换项目开/关 ✓

用于切换动作的执行状态,主要包括选中和未选中两种,选中时,动作组、动作或命令前会显示对勾 ✓,代表该动作组、动作或命令可以被执行;未选中时,动作组、动作或命令前不显示对勾 ✓,代表该动作组、动作或命令不可以被执行。

图 7 - 36 面板菜单

图 7 - 37 载入动作

需要注意的是,当取消选中命令后,动作和动作组前方的对勾会变成红色,这个红色的对勾代表动作组或动作中的命令没有全部选中(即部分命令不可被执行),若让该动作组内的所有动作都不被执行,则取消选中动作组即可。

(3)切换对话开/关

主要用于设置动作的暂停,当需要手动设置命令的参数时,需要将动作设置为暂停,在命令前方选中选项,则执行到该命令时自动暂停,进行相应的手动操作后,单击"播放"按钮继续播放动作即可。

需要注意的是,当在动作前选中选项,则执行该动作中的每个命令时都会暂停;若在部分命令前取消选中"切换对话开/关"选项,则动作和动作组前方的"切换对话开/关"选项会变成,也就是说,在动作组或动作前出现选项,表示动作组或动作中的部分命令会被暂停。但是在 Photoshop 中,默认不可编辑的命令前不能设置暂停。

若需要在 Photoshop 中默认在不可编辑的命令处设置暂停(如设置选区、画笔绘制等),可以利用插入停止的方法。在面板菜单中选择"插入停止"命令,在打开的"记录停止"对话框中插入相关信息,如图 7 - 38 所示。当执行到被插入停止标记的命令处时,会打开"信息"对话框,显示提示信息,如图 7 - 39 所示。

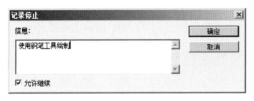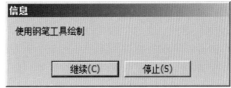

图 7-38　"记录停止"对话框　　　　　　图 7-39　"信息"对话框

注意：

当有命令出现错误或者缺少步骤，导致计算机执行不了动作时，会打开该命令不可执行的对话框，选择继续执行命令后，得到的结果会缺少该命令的相关操作。

（4）停止播放/记录 ■

当记录动作时，由于某种需求需要将其停止时，单击该按钮即可停止记录动作；当播放动作时，若想观察某个命令被执行后的效果，也可单击该按钮停止播放动作。

（5）开始记录 ●

一切准备就绪后，单击该按钮即可开始录制，此时"开始录制"按钮 ● 变为红色 ●。需要注意的是，单击该按钮后，做的任意一步操作都会被记录下来。

（6）播放选定动作 ▶

若想单独执行某个动作时，选中一个动作后，单击该按钮即可执行该动作中的命令。

（7）删除 🗑

在录制过程中，若出现录制错误的情况，单击"停止播放/记录"按钮 ■ 停止录制后，单击该按钮，可以删除选中的动作组、动作和命令。

（8）创建新动作 🔲

单击该按钮，打开"新建动作"对话框，如图 7-40 所示，单击"记录"按钮即可创建一个新的动作，并开始记录动作。需要注意的是，新建动作时，若"动作"面板中有动作组，可以在"组"下拉列表中选择组，若没有动作组，则创建动作时会自动创建动作组。

（9）创建新组 📁

需要单独的动作组时，单击该按钮，在打开的"新建组"对话框中设置组名，如图 7-41 所示，单击"确定"按钮，即可创建一个动作组。

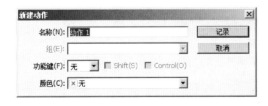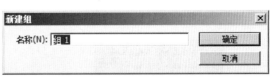

图 7-40　"新建动作"对话框　　　　　　图 7-41　新建组

2. 命令的编辑

动作录制完成后，若发现里面存在不可更改的错误命令时，可以将错误命令删除，再重新录制一个新的命令;当存在可修改、调整的命令时,还可以对该动作中的命令进行编辑,如修改、重排、复制等。命令的编辑方法具体解释如下:

- 命令的修改:想调整某个命令的参数时,双击某命令,即可打开相应的对话框,设置参数即可。例如,调整图像的色相/饱和度,双击该命令即可打开"色相/饱和度"对话框,如图 7 - 42 所示。

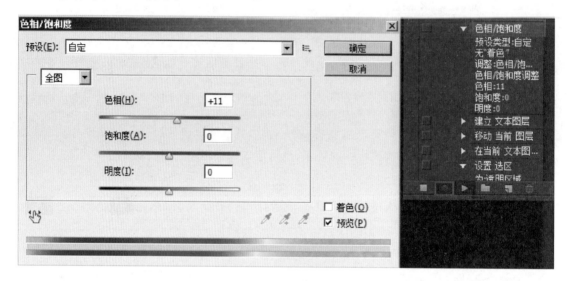

图 7 - 42　修改命令参数

注意:

只有在 Photoshop 中默认为可编辑的命令才能修改参数。

- 命令的重排:想把命令的顺序进行调换时,直接选中命令,按住鼠标左键将其拖动到相应位置,当鼠标箭头变为 时,释放鼠标即可完成拖动,如图 7 - 43 所示。
- 命令的复制:想将某个命令重复执行时,不需要再次进行录制,按住【Alt】键的同时拖动命令即可复制该命令。

3. 指定回放速度

由于计算机在播放动作执行命令时,速度非常快,想观察每一步操作后的效果时,则需要设置回放速度,在"动作"面板中,单击"面板菜单"按钮 ,在弹出的菜单中选择"回放选项"命令,打开"回放选项"对话框,可以设置动作的播放速度,如图 7 - 44 所示。

图 7 - 43　重排命令

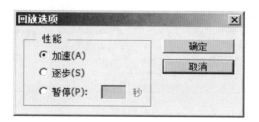

图 7 - 44　"回放选项"对话框

"回放选项"对话框中各选项的解释如下：

- 加速：该选项为默认选项，快速播放动作。
- 逐步：显示每个命令的处理结果，然后再继续下一个命令，动作的播放速度较慢。
- 暂停：选择该单选按钮并设置时间，可以指定播放动作时各个命令的间隔时间。

4. 批处理

批处理主要是将录制好的动作应用于目标文件夹内的所有图片，利用批处理命令，可以帮助用户完成大量的重复性动作，从而提升效率。例如，要改变 1 000 张图片的大小，则可以将其中一张照片的处理过程录制为动作之后，执行"文件→自动→批处理"命令，打开"批处理"对话框，如图 7 – 45 所示，设置相应参数，单击"确定"按钮，即可完成批处理。

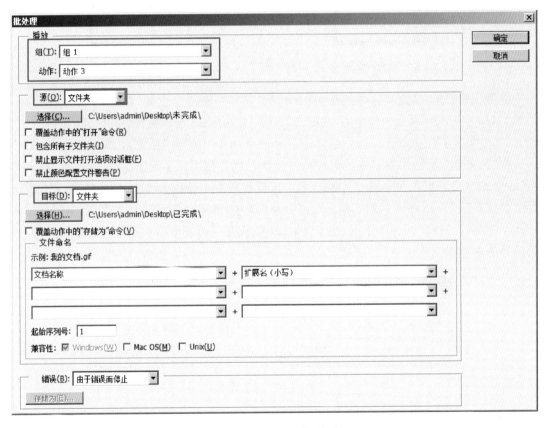

图 7 – 45 "批处理"对话框

（1）"播放"选项组

"播放"选项组用于选择播放的动作组和动作。单击右侧的下拉按钮，在下拉列表中选择组和动作即可。

（2）"源"下拉列表

"源"下拉列表用于指定要处理的文件或文件夹。单击右侧的下拉按钮 ▼，弹出下拉列表，如图 7 – 46 所示，共包含了"文件夹""导入""打开的文件""Bridge"四个选项，通常情况下选择"文件夹"选项。当选择"文件夹"选项时,单击下方的"选择"按钮,选择文件夹即可。

（3）"目标"下拉列表

"目标"下拉列表用于选择文件处理后的存储方式。单击右侧的下拉按钮,弹出下拉列表,如图 7 - 47 所示,包括"无""存储并关闭""文件夹"三个选项。

- 无:当选择"无"时,表示不存储文件,文件窗口不关闭。
- "存储并关闭":选择该选项时,是将文件保存在原文件夹中,并覆盖原文件。
- "文件夹":选择该选项时,表示选择文件处理后的存储位置,单击下方的"选择"按钮, 选择文件夹。

　　　　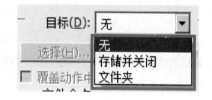

　　　图 7 - 46　"源"下拉列表　　　　　　　图 7 - 47　"目标"下拉列表

值得注意的是,当选择后两个选项中的任意一个时,若动作中有"存储为"命令,则需要勾选"目标"下方的"覆盖动作中的'存储为'命令"复选框,这样在播放动作时,动作中的"存储为"命令就会引用批处理文件的存储位置,而不是动作中指定的位置。

在"批处理"命令中,虽然支持暂停命令的执行以方便用户手动操作,却不支持"插入停止"命令的执行。当在 Photoshop 中默认为不可编辑的命令处插入停止时,执行"批处理"命令就会打开图 7 - 48 所示的提示框,单击"继续"按钮,继续处理下一个文件,而当前处理的图片不能继续被处理;单击"停止"按钮,Photoshop 程序会停止下一张图片的处理,而继续当前图片的处理。

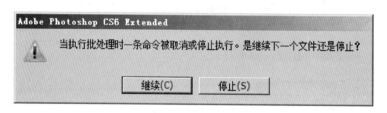

　　　　　　　　　图 7 - 48　提示框

注意:

进行批处理之前,为了避免毁坏原文件,最好将原文件备份出来,并且再创建一个文件夹,用于放置处理后的文件。

☕ **多学一招:导出和载入外部动作库**

动作的导出和载入可以帮助用户将录制好的动作应用到其他计算机上,下面对导出和载入的方法进行讲解。

（1）导出

在"动作"面板中，选中想要导出的动作组，选择面板菜单中的"存储动作"命令，在打开的"存储"对话框中，选择指定位置，单击"保存"按钮即可，如图7-49所示。保存的动作是一个后缀名为".atn"的文件。

图7-49　"存储"对话框

（2）载入

在动作的面板菜单中选择"载入动作"命令，打开"载入"对话框，选择对应的动作，如图7-50所示。单击"载入"按钮即可将外部动作库载入"动作"面板中，如图7-51所示。

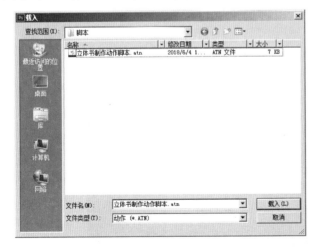

图7-50　"载入"对话框

图7-51　载入外部动作库

7.3 【案例 20】制作 3D 立体海报

在 Photoshop 中,3D 功能不仅可以快速实现立体字等 3D 效果,还可以做出多种特效背景,使设计内容变得丰富多彩。本节将使用 3D 中的"深度映射到"命令制作一个立体的海报效果,如图 7-52 所示。通过本案例的学习,应熟悉 3D 操作界面、掌握 3D 的基本操作。

图 7-52　立体海报

实现步骤

1. 制作星空特效

Step 01　打开素材图像"星空 . jpg",如图 7-53 所示。

图 7-53　素材图像"星空"

Step 02 按【Ctrl + J】组合键复制素材图层,得到"图层 1",如图 7-54 所示。

Step 03 执行"3D→从图层新建网格→深度映射到→平面"命令,如图 7-55 所示,在打开的提示框中单击"是"按钮,界面即可切换到 3D 工作区,如图 7-56 所示。

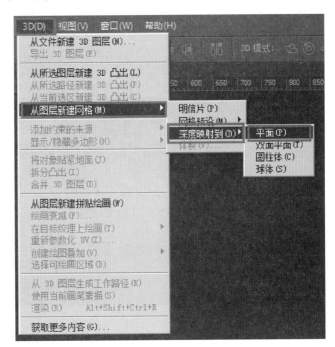

图 7-54 复制图层

图 7-55 执行命令

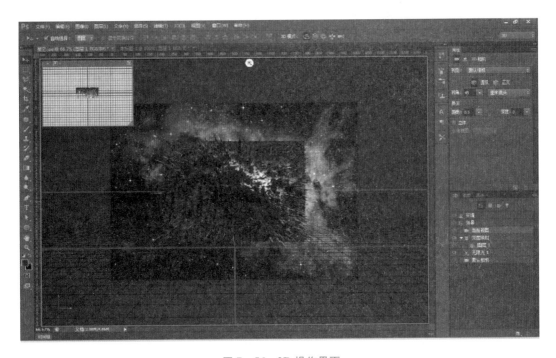

图 7-56 3D 操作界面

Step 04 选中"当前视图",单击"缩放工具"按钮 ▣◀,按住鼠标左键向上拖动,将当前视图放大,如图 7-57 所示。

图 7-57　放大视图

Step 05 在"3D"面板中,选中"场景",如图 7-58 所示。在"表面"的"样式"下拉列表中选择"未照亮的纹理"选项,如图 7-59 所示,效果图 7-60 所示。

图 7-58　"3D"面板

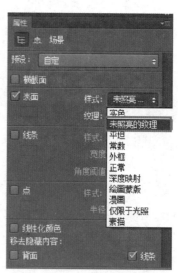

图 7-59　设置参数

图7-60 3D效果图

2. 制作海报

Step 01 回到"图层"面板,按【Ctrl + Shift + N】组合键新建图层,得到"图层2",如图7-61所示。

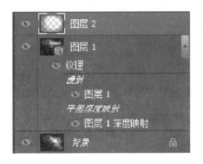

图7-61 新建图层

Step 02 选择"渐变工具" ,在选项栏中设置黑色到不透明度为0的渐变,选中"径向渐变"按钮 ,并勾选"反向"复选框,如图7-62所示。

图7-62 设置渐变

Step 03 按住鼠标左键不放向右拖动,在画布上绘制一条渐变,如图 7 – 63 所示,再按同样的方法向左绘制一条渐变,如图 7 – 64 所示,效果如图 7 – 65 所示。

图 7 – 63　绘制一条渐变

图 7 – 64　绘制另一条渐变

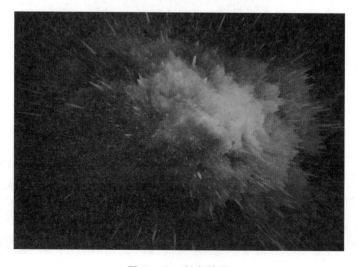

图 7 – 65　渐变效果

Step 04 选择"橡皮擦工具" ,设置笔刷大小为"500"、硬度为"48%"、不透明度和流量均为"100%",在图像中间进行擦除,效果如图 7 – 66 所示。

图 7 – 66 擦除后的效果

Step 05 选择"横排文字工具" $\boxed{T}$,在选项栏设置字体为"Caviar Dreams"、字大小为 55 像素,颜色为白色,依次输入文字,并设置不透明度为 50%,如图 7 – 67 所示。

图 7 – 67 输入文字

Step 06 选择"矩形工具" $\boxed{ }$,绘制一条矩形作为装饰,得到"矩形 1"图层,将其不透明度设置为 50%,效果如图 7 – 52 所示。

Step 07 选中所有文本图层及"矩形 1"图层,在选项栏中单击"左对齐"按钮。

Step 08 按【Ctrl + S】组合键,以"【案例 20】制作 3D 立体海报 . psd"为名称保存文件。

知识点讲解

1. 创建 3D

在 Photoshop 菜单栏中执行"3D"命令,即可在下拉菜单中看到 3D 的创建方式,如图 7 – 68

所示。创建 3D 通常有两种方法,分别是"从所选图层新建 3D
凸出"和"从图层新建网格"。

(1)从所选图层新建 3D 凸出

一般用于创建 3D 立体字,通常需要先在图层上输入文字,
再执行"3D→从所选图层新建 3D 凸出"命令,将图像转化为
3D。图 7-69 和图 7-70 所示即为转化前后的效果图。

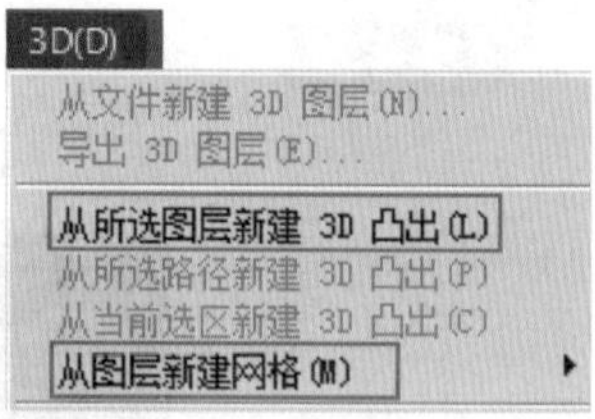

图 7-68 "3D"下拉菜单

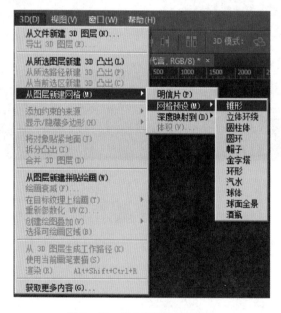

图 7-69 输入文字　　　　图 7-70 将文字转化为 3D

(2)从图层新建网格

主要包括"明信片""网格预设""深度映射到"等命令。在实际运用中,通常用到的是
"网格预设"和"深度映射到"命令。具体介绍如下:

- 网格预设:主要用于创建软件中预设好的立体图形,在该命令中包含了锥形、圆柱体、
  圆环、球体、酒瓶等 11 个选项,如图 7-71 所示。选择一个选项即可创建相应的立体
  图形。例如,执行"3D→从图层新建网格→网格预设→锥形"命令,即可创建一个椎
  体,如图 7-72 所示。

图 7-71 "网格预设"子菜单

- 深度映射到:该命令可以把平面图转换为 3D 效果,简单地说,就是根据图像的明度值,
  转换成深度不同的表面,明度较高的会被转化为凸起的区域,明度较低的部分,会被转

化为凹下的区域,进而形成 3D 效果。该命令主要包括平面、双面平面、圆柱体、球体四个选项。例如,执行"3D→从图层新建网格→深度映射到→平面"命令,即可将平面图转化为 3D 效果。图 7-73 和图 7-74 所示为转化前后的效果图。

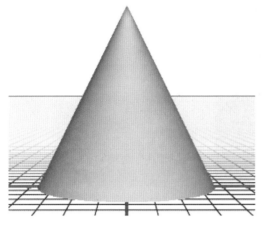

图 7-72 创建椎体

图 7-73 3D 效果转化前

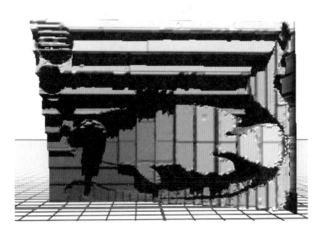

图 7-74 3D 效果转化后

双面平面、圆柱体、球体这三个选项,分别可以制作出两个平面映射、圆柱形的映射和球体的映射等不同效果,效果如图 7-75~图 7-77 所示。

图 7-75 映射到双面平面

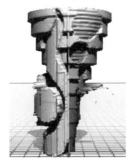

图 7-76 映射到圆柱形

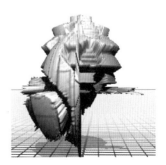

图 7-77 映射到球体

值得一提的是,在"3D"面板中也能创建 3D,执行"窗口→3D"命令,打开"3D"面板,如图 7 – 78 所示,在该面板中选择相应的选项即可。

图 7 – 78　从"3D"面板中创建 3D 效果

注意:

创建 3D 之前,首先要新建画布以及图层,否则将无法执行命令。

2. 3D 工作界面

创建 3D 对象后就可以看到 3D 工作界面,如图 7 – 79 所示。在 3D 工作界面中,共分为五个区域,分别是 3D 操作工具区域、小视图区域、编辑区、属性面板和 3D 面板,这几个区域分别有不同的功能,具体解释如下:

(1)场景/3D 对象/可视窗口

3D 对象是指用户在 Photoshop 中所创建的三维模型;场景则是 3D 对象活动的空间;而可视窗口是显示 3D 对象的有效区域。若把场景看作为舞台,那么,3D 对象就是舞台上的表演者,而可视窗口就相当于台前,当表演者不在台前时,观众就不会看到。

(2)3D 操作工具

3D 操作工具可以对 3D 对象或场景进行操作,如旋转、缩放等。在 3D 工作界面共有五种操作工具,分别是"旋转 3D 对象""滚动 3D 对象""拖动 3D 对象""滑动 3D 对象""缩放 3D 对象",如图 7 – 80 所示,这些工具既可以作用于场景,又可以作用于对象。例如,当选中 3D 对象时,利用某项工具就能对 3D 对象进行操作;不选中 3D 对象时,就对场景进行操作,如图 7 – 81 ~图 7 – 83 所示。

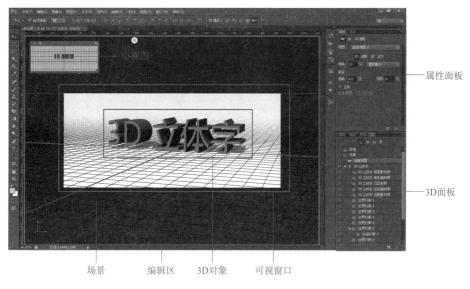

图 7 - 79　3D 工作界面

图 7 - 80　3D 操作工具

图 7 - 81　默认视图

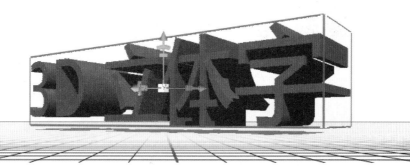

图 7 - 82　旋转 3D 对象

图 7 – 83　旋转场景

- 旋转 3D 对象。"旋转 3D 对象"可以使 3D 对象或场景沿 x 轴和 y 轴旋转,例如单击 "旋转 3D 对象"按钮，选择 3D 对象后,出现旋转图标，按住鼠标左键不放上下 拖动可以使 3D 对象围绕 x 轴旋转,如图 7 – 84 所示。左右拖动可以使对象围绕 y 轴 旋转。

图 7 – 84　旋转 3D 对象

- 滚动 3D 对象。"滚动 3D 对象"可以使 3D 对象或场景沿 z 轴旋转,例如选择 3D 对象 后,单击"滚动 3D 对象"按钮，出现旋转图标，按住鼠标左键不放拖动可以使 3D 对象围绕 z 轴旋转,如图 7 – 85 所示。

图 7 – 85　沿 z 轴旋转

- 拖动 3D 对象。"拖动 3D 对象"主要用于移动 3D 对象或场景,选择"拖动 3D 对象"按钮![icon]后,拖动鼠标左键即可沿任意坐标轴拖动 3D 对象或场景。按住【Alt】键可以使 3D 对象围绕 z 轴旋转,如图 7-86 所示。

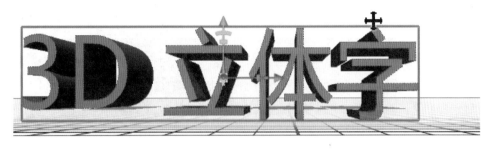

图 7-86 拖动 3D 对象

- 滑动 3D 对象。"滑动 3D 对象"同样也是用于移动 3D 对象或场景,但与"拖动 3D 对象"不同的是,"滑动 3D 对象"只能沿前后和左右方向移动。
- 缩放 3D 对象。"缩放 3D 对象"主要用于缩放 3D 对象或场景。选中对象时,单击"缩放 3D 对象"按钮![icon],按住鼠标左键不放上下拖动即可放大或缩小 3D 对象;选中场景时,单击"缩放 3D 对象"按钮![icon],按住鼠标左键不放上下拖动即可放大或缩放场景。

值得一提的是,操作工具虽然能方便用户预览旋转、缩放、移动 3D 对象后的效果,但不是很精确,若需要很精确地调整对象的角度、大小和位置,就需要用到坐标。选中某个选项,在"属性"面板中单击"坐标"按钮![icon],即可看到该选项的坐标,如图 7-87 所示。

在平移选项下方输入数值即可精确调整 3D 对象或场景的位置;同理,在旋转和缩放选项下方输入对应数值也可精确地调整 3D 对象或场景的旋转角度及大小比例。

（3）小视图

小视图主要用于在不影响 3D 编辑区 3D 对象角度的同时,预览各个视图角度。在小视图中,单击"视图/相机"按钮,可以切换视图角度,如图 7-88 所示。需要注意的是,这里只是切换小视图里面的预览图,而不是编辑区中 3D 对象的视图角度。

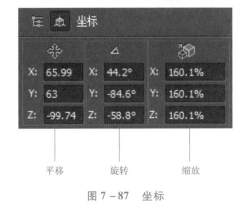

图 7-87 坐标

图 7-88 切换视图

（4）编辑区

编辑区是编辑 3D 对象和场景的区域，例如在编辑区，可以随意拖动或旋转 3D 对象、场景等。

（5）"3D"面板

"3D"面板中是存放编辑区内所有元素的区域，包括环境、场景、无线光和默认相机和当前的 3D 对象等。"3D"面板中的选项类似于"图层"面板中的图层，每个选项代表不同的功能。执行"窗口→3D"命令即可打开"3D"面板，如图 7 - 89 所示。选中某个选项即可在该选项的"属性"面板中修改参数，或在编辑区对其进行编辑。

（6）"属性"面板

"属性"面板主要用于设置或调整参数，进入 3D 工作界面后，执行"窗口→属性"命令，即可打开或关闭属性面板。在"3D"面板中，每个选项的"属性"面板都不一样。图 7 - 90 所示是场景的"属性"面板。

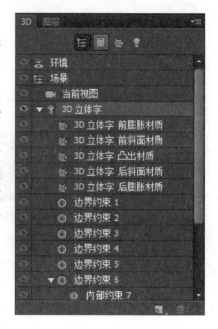

图 7 - 89　"3D"面板

3. 设置表面样式

设置表面样式可以让 3D 对象的效果更加美观、突出。在"场景"面板中勾选"表面"复选框，如图 7 - 91 所示。在其后面的"样式"下拉列表中选择 3D 对象表面的显示方式即可，其中"未照亮的纹理"通常和"深度映射"命令搭配使用制作绚丽的"立体"效果。图 7 - 92 和图 7 - 93 所示即为设置表面样式为"未照亮的纹理"前后效果图。

此外，在"样式"菜单中还包含了实色、平坦、常数、外框等 10 种样式，可以分别实现不同的效果。

图 7 - 90　场景的"属性"面板

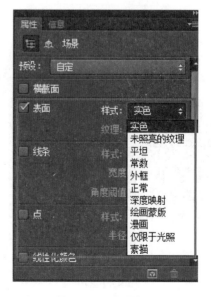

图 7 - 91　设置表面

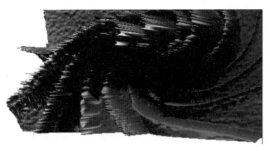

图 7-92　设置表面前　　　　　　　　图 7-93　设置表面后

动手实践

请使用图 7-94 所示素材,应用本章所学的知识制作成图 7-95 所示的图像。

图 7-94　素材"明眸"　　　　　　　图 7-95　"明眸"海报效果图

扫描下方的二维码,可查看实现过程。

第**8**章

设计实操

 学习目标

◆ 掌握海报设计的基本常识,独立完成海报的设计与制作。

◆ 掌握图标的尺寸规范,能够独立设计并制作图标。

◆ 了解网页的结构,学会制作网页。

Photoshop 被广泛应用于平面设计、UI 设计等领域。平面设计泛指各种通过印刷而形成的平面艺术形式,主要以视觉图像作为媒介传递信息,在实际生活中,平面设计通常涉及名片、海报等;UI 设计是指在考虑用户体验和交互设计的前提下,对用户界面进行的美化设计,在实际生活中,一个优秀的 UI 设计师往往兼具图标设计、Logo 设计、Banner 设计、网站设计等多项技能。本章通过几个不同案例,带领读者了解海报、图标、网页设计的相关知识。

8.1 【案例 21】护肤品 DM 设计

DM 广告可直接将广告信息传递给消费者,具有较强的选择性和针对性,本节将制作一张护肤品 DM,最终效果如图 8 – 1 所示。通过本案例的学习,了解什么是 DM、DM 的构成要素及 DM 的制作规范,并提升对 Photoshop 软件的操作熟练度。

✕ 实现步骤

1. 绘制背景

Step 01 按【Ctrl + N】组合键,打开"新建"对话框,在对话框中设置参数,如图 8 – 2 所示,单击"确定"按钮完成画布的创建。按【Ctrl + S】组合键将文件保存到指定位置。

Step 02 依次按【Alt】→【V】→【E】键,弹出"新建参考线"对话框,分别在水平方向的 3 mm、288 mm 处和垂直方向的 3 mm、213 mm 处创建参考线,如图 8 – 3 所示。

图 8 - 1　护肤 DM

图 8 - 2　新建画布

Step 03　选择"渐变工具" ，在选项栏中单击"线性渐变"按钮 ，再单击渐变颜色条按钮，打开"渐变编辑器"对话框，选择第一个预设，设置渐变颜色，如图 8 - 4 所示。

图 8 - 3　创建参考线

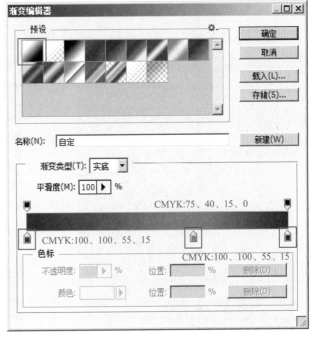

图 8 - 4　设置渐变颜色

Step 04　在画布上绘制渐变，如图 8 - 5 所示。

Step 05　在"图层"面板下方单击"创建新图层"按钮 ，得到"图层 1"。

Step 06　将前景色设置为白色，选择"渐变工具" ，在选项栏中单击"线性渐变"按钮,再单击渐变颜色条下拉按钮,在下拉面板中选择第二项,如图8-6所示。

图8-5 渐变效果图

图8-6 选择预设渐变

Step 07 在画布中绘制渐变,如图8-7所示;将其不透明度设置为20%,如图8-8所示。

图8-7 绘制渐变

图8-8 不透明度为20%的效果

Step 08 在"图层"面板下方单击"创建新图层"按钮 ,得到"图层2"。

Step 09　选择"画笔工具" 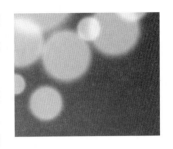，在选项栏中设置笔刷"硬度"为 60%，"不透明度"为 70%，在画布的左上角绘制背景装饰，如图 8 - 9 所示。

Step 10　按【Ctrl + J】组合键，复制"图层 2"，得到"图层 2 副本"，将其移动到右下角，按【Ctrl + T】组合键调出定界框，右击定界框，在弹出的菜单中选择"旋转 180 度"选项，效果如图 8 - 10 所示。

图 8 - 9　绘制背景装饰

Step 11　同时选中"图层 2"和"图层 2 副本"图层，将其混合模式改为"叠加"，并将其透明度改为 30%，效果图如图 8 - 11 所示。

图 8 - 10　复制背景装饰

图 8 - 11　更改不透明度及混合模式后的效果

2. 制作内容区域

Step 01　将素材图片"玻尿酸"（见图 8 - 12）拖入画布中，调整大小、位置及角度，如图 8 - 13 所示。

Step 02　选择"玻尿酸"图层，在"图层"面板下方单击"添加图层样式"按钮 fx，在弹出的菜单中选择"投影"命令，在打开的"图层样式"对话框中设置投影参数，如图 8 - 14 所示，效果图如图 8 - 15 所示。

Step 03　选择"横排文字工具" T ，将前景色设置为浅灰色（CMYK：10、5、0、0），在选项栏中将字体设置为"庞门正道标题体"，输入相关文字，大小如图 8 - 16 所示。

图 8 – 12 素材图片"玻尿酸"

图 8 – 13 设置图层混合模式

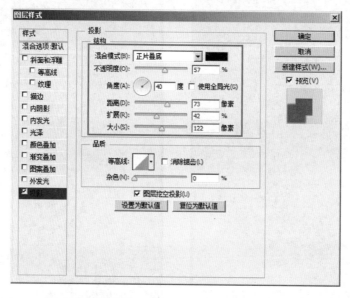

图 8 – 14 设置投影参数

图 8 – 15 投影效果图

图 8 – 16 文字效果

Step 04 选择"矩形工具" ,绘制图 8 – 17 所示的矩形,得到"矩形 1"图层。

Step 05 选中"矩形 1"图层和"享尊享价""239 元"两个文本图层,将其移动至合适位置,如图 8 – 18 所示。

图 8 – 17 绘制矩形

图 8 – 18 移动图层位置

Step 06 打开配套素材文件夹,双击打开"文本 . txt"文件,按【Ctrl + A】组合键进行全选,再按【Ctrl + C】组合键对选中文本进行复制。

Step 07 回到 Photoshop 界面,选择"横排文字工具" T,在选项栏中设置字体为"黑体",在画布中单击,按【Ctrl + V】组合键将复制的文本进行粘贴,摆放位置如图 8 – 19 所示。

图 8 – 19 粘贴文本

Step 08 选中"矩形 1"图层和所有文本图层,按【Ctrl + G】组合键对其进行编组,并将组重命名为"文字部分",如图 8 – 20 所示。

Step 09 选中"文字部分"图层组,按【Ctrl + T】组合键调出定界框,将图层中的元素旋转至图 8 - 21 所示的角度。

图 8 - 20 创建组　　　　　　　图 8 - 21 旋转图层中的元素

Step 10 将素材图像"小水珠"拖入画布中,调整大小及位置,按【Enter】键确认置入,如图 8 - 22 所示。

Step 11 将"小水珠"图层拖动至"极速补水"图层的上方,按住【Alt】键,在两个图层中间单击,为水珠图层创建剪贴蒙版,效果如图 8 - 23 所示。

图 8 - 22 置入素材小水珠　　　　　　　图 8 - 23 创建剪贴蒙版

Step 12 将素材图像"Logo"拖入画布中,调整大小及位置,按【Enter】确定置入,如图 8 - 24 所示。

图 8 - 24　置入素材 Logo

Step 13　单击"图层"面板下方的"添加图层样式"按钮 _fx_ ,在弹出的菜单中选择"颜色叠加"命令,在打开的"图层样式"对话框中,将颜色设置为白色,如图 8 - 25 所示,单击"确定"按钮,完成颜色叠加。

图 8 - 25　颜色叠加参数设置

3. 添加装饰

Step 01　将素材图像"大水珠"拖入画布中,调整大小及位置,如图 8 - 26 所示,按【Enter】键确认置入。

Step 02　在"图层"面板下方单击"添加图层蒙版"按钮 ,将前景色设置为黑色。

Step 03　选择"画笔工具" ,在选项栏处设置画笔大小为 150、硬度为 45%、不透明度为 60%、流量为 60%,在蒙版中进行绘制,效果如图 8 - 27 所示。

图 8 - 26 置入素材图像　　　　　　　　　图 8 - 27 绘制蒙版

Step 04 选择"椭圆工具" ,在选项栏中设置填充为无、描边颜色为白色、描边大小为 1 点,按住【Shift】键,在画布中绘制一个大小为 18 mm 的正圆,得到"椭圆 1"图层,如图 8 - 28 所示。

Step 05 选择"椭圆 1"图层,按【Ctrl + J】组合键,复制该图层,得到"椭圆 1 副本"图层。

Step 06 按【Ctrl + T】组合键调出定界框,按住【Alt + Shift】组合键的同时拖动定界框角点,将其缩放至合适位置,如图 8 - 29 所示,按【Enter】键确认操作。

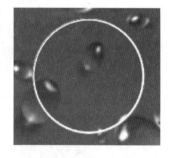

图 8 - 28 绘制正圆

Step 07 按照 Step06 的方法,再复制一个正圆,得到"椭圆 1 副本 2",并将其填充颜色改为白色、描边为无,如图 8 - 30 所示。

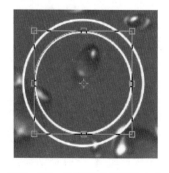

图 8 - 29 复制正圆并调整大小　　　　　　图 8 - 30 再次复制正圆并调整大小

Step 08 选中所有椭圆图层,按【Ctrl + G】组合键将其编组,并重命名为"椭圆"。

Step 09 按两次【Ctrl + J】组合键,复制"椭圆"组,得到"椭圆副本"组和"椭圆副本 2"组,将其移动到合适位置,如图 8 - 31 所示。

Step 10 按住【Ctrl】键的同时单击所有椭圆组,设置其不透明度为 60%,如图 8 - 32 所示。

图 8 - 31　复制椭圆组

图 8 - 32　不透明度为 60% 的效果

Step 11 选择"横排文字工具" T ,将字体设置为"黑体",输入相关文字,调整角度及位置,并将文字的不透明度改为 60%,如图 8 - 33 所示。

图 8 - 33　文字效果

Step 12 选中"水珠"和所有椭圆组及"保湿""补水""修复"等文本图层,按【Ctrl + G】组合键将其编组,并命名为"装饰"。按【Ctrl + S】组合键进行存储。

知识点讲解

1. 认识 DM

　　DM(Direct Mail,直接邮寄广告)通常由 8 开或 16 开广告纸单面和双面彩色印刷而成。DM 一般采取邮寄、定点派发、选择性派送的形式直接传送到消费者手中,是超市、实场、厂家等最常采用的促销销售方式。图 8 – 34 所示为某线上生鲜平台 DM 单页的正反面。

图 8 – 34　某线上生鲜平台 DM 单页的正反面

　　DM 的常见形式主要包括广告单页和集纳型广告宣传画册两种。其中,广告单页如商场超市散布的传单、折页,肯德基、麦当劳的优惠券等,如图 8 – 35 ~ 图 8 – 37 所示;集纳型广告宣传画册页数在 8 页至 200 页不等,如图 8 – 38 所示。

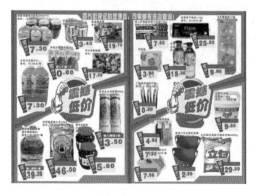

图 8 – 35　超市 DM

图 8 – 36　折页 DM

图 8-37　DM 优惠券

图 8-38　宣传画册 DM

2. DM 的构成要素

在设计 DM 时,不仅要根据不同的需求进行设计,还需要以 DM 的构成要素为依据。DM 的构成要素通常包括标题、广告语、插图、详细内容、标志及公司名称等,如图 8-39 所示。其中标题、广告语、插图、详细内容是每张 DM 中必须有的要素。

图 8-39　DM 构成要素

（1）标题

标题是表达广告主题的文字内容，目的是使读者注目，引导读者观看广告插图及广告语。标题要用较大号字体，且安排在广告画面最醒目的位置，值得注意的是，编写标题时应注意配合插图造型的需要。

（2）广告语

广告语是配合标题和插图的简短语言，可以吸引读者对该 DM 的内容更加感兴趣。广告语表达的意思要明确，字数一般不超过 20 个字。

（3）插图

如果一张纸上全是文字会使读者阅读疲劳，从而使 DM 达不到宣传的目的。图案和文字的配合，可以使 DM 具有较强的艺术感染力和诱惑力。

（4）详细内容

详细内容通常包括活动时间、地点、活动说明或产品的详细说明等，可以让读者充分了解 DM 所传递的内容。

（5）标志

标志有商品标志和企业形象标志两大类。DM 中的标志可以让读者充分了解到该产品的所属品牌，在整个版面广告中，标志造型最单纯、最简洁，能给消费者留下深刻的印象。

（6）公司名称

公司名称一般都放在广告版面中次要的位置，也可以和商标放置在一起。

3. DM 制作规范

由于 DM 设计最终会通过印刷的方式输出为印刷成品，因此在进行 DM 设计时需要了解一些关于印刷品的注意事项。

（1）设出血线

设计 DM 时，尺寸一般设置为 291 mm × 216 mm，而成品尺寸为 285 mm × 210 mm。这是因为设计印刷出来时是需要裁切的，所以设计者应在页面的上下左右各留出 3 mm 的出血，如图 8 - 40 所示，蓝色线为出血线标示，所有内容一定要在出血线内显示。如果没有留出血，设计的图片或者文字容易被裁切掉，设计稿的效果就会受到影响甚至给客户带来不必要的损失。

（2）黑色的设置要求

在 Photoshop 中，制作需印刷的设计稿时，应设置颜色模式为 CMYK 格式。而黑色文字或色块的颜色一定是 CMYK：0、0、0、100。这是因为彩色印刷时如果使用四色形成黑色，一是容易产生偏色，二是容易造成重影。尤其在印刷文字或者精细内容时特别明显。

（3）最好使用常见字体

图 8 - 40　出血线

方正字体的字库样式较多，字体也美观、正规，且是常用字体，设计师认可度较高。

如果使用了不常用的字体,就需要将文字转成曲线或栅格化,这样对其他想要修改的设计师来说,会造成很多不便。

（4）字号最好是整数

字体的字号最好是整数,整数数值如 7 点、8.5 点,容易记忆和修改。非整数数值如 7.89 点、12.11 点,不便于记忆和修改,而且也容易造成字号统一的困难,更不方便他人修改设计稿。

印刷品上的字体,视觉识别的最小字号是 6 点,小于 6 点会在识别上带来一定的困难。常见书籍中的内容文字字号一般是 9 点。需要注意的是不同的字体使用了相同的字号其视觉大小也会不同,如图 8 - 41 所示。

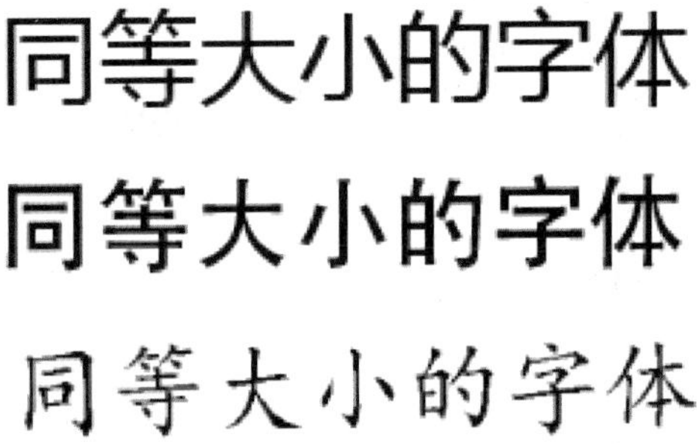

同等大小的字体
同等大小的字体
同等大小的字体

图 8 - 41　相同字号的不同字体效果

8.2　【案例 22】eNote 图标设计

在 UI 设计中,图标作为核心设计的内容之一,是界面中重要的信息传播载体。精美的图标往往起到画龙点睛的作用,从而提高点击率和推广效果。本节将制作一款 eNote 图标,如图 8 - 42 所示。通过本案例的学习,应了解什么是图标、图标的设计原则、设计流程及图标的尺寸。

 实现步骤

1. 制作背景

Step 01　按【Ctrl + N】组合键,在"新建"对话框中设置名称为"【案例 22】eNote 图标设计"、"宽度"为 600 像素、"高度"为 500 像素、"分辨率"为 72 像素/英寸、"颜色模式"为 RGB 颜色、"背景内容"为白色。单击"确定"按钮,完成画布的新建。

Step 02　设置"前景色"为深灰色（RGB:45、45、50）,按【Alt + Delete】组合键为"背景"层填充前景色。

Step 03　按住【Alt】键的同时,双击"背景"图层,将其转为普通图层"图层 0"。

Step 04　单击"图层"面板下方的"添加图层样式"按钮 *fx*,弹出的菜单如图 8 - 43 所示。

图 8 - 42　"eNote 图标"效果图

图 8 - 43　添加"图层样式"菜单

Step 05 选择"内阴影"命令,在打开的"图层样式"对话框中设置参数,如图 8-44 所示。单击"确定"按钮,效果如图 8-45 所示。

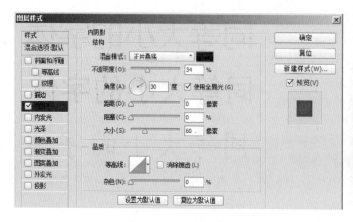

图 8-44　设置"内阴影"参数　　　　　　　　　　图 8-45　内阴影效果

2. 绘制基本图形

Step 01 选择"圆角矩形工具" ,在选项栏中设置"填充"为蓝色(RGB:100、145、220)、"描边"为无颜色、"半径"为 24 像素,在画布中拖动鼠标的同时按住【Shift】键,绘制一个正圆角矩形,大小和位置如图 8-46 所示。

Step 02 按【Ctrl + R】组合键调出标尺,从左侧标尺上拖动一条参考线在圆角矩形中心位置,如图 8-47 所示。

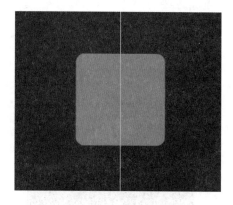

图 8-46　绘制圆角矩形　　　　　　　　　　图 8-47　参考线位置

Step 03 选择"删除锚点工具" ,单击圆角矩形的右侧两个锚点,将其删除,如图 8-48 所示。

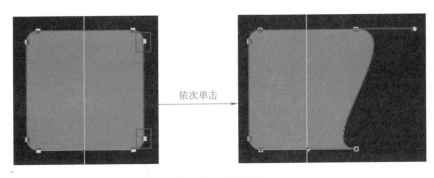

图 8 - 48　删除锚点

Step 04 选择"转换点工具" ，单击右侧的锚点，使"平滑点"转换为"角点"，如图 8 - 49 所示。

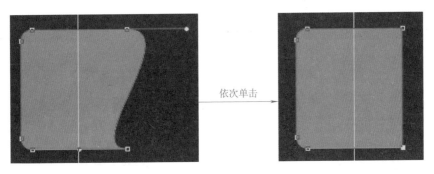

图 8 - 49　转换点

Step 05 选择"直接选择工具" ，同时框选右侧两个的"角点"。按住【Shift】键的同时向参考线附近拖动，如图 8 - 50 所示。

Step 06 选择"路径选择工具" ，单击"圆角矩形 1"将其选中。按【Ctrl + J】组合键，复制得到"圆角矩形 1 副本"。在选项栏中设置"填充"为白色，效果如图 8 - 51 所示。

图 8 - 50　移动角点位置

图 8 - 51　复制并更改填充

Step 07 按【Ctrl + T】组合键调出定界框，右击定界框，选择"水平翻转"命令，将其移动至参考线右侧，效果如图 8 - 52 所示。按【Enter】键确定自由变换。

Step 08 按【Ctrl + J】组合键,复制得到"圆角矩形 1 副本 2"。按【Ctrl + T】组合键调出定界框,按住【Shift + Alt】组合键的同时,将其放大并调整位置,效果如图 8 - 53 所示。按【Enter】键确定自由变换。

Step 09 选择"直接选择工具" ，同时选中左侧两个锚点,按【→】键,轻移位置,使左边蓝色和右边白色的区域宽度接近,如图 8 - 54 所示。

 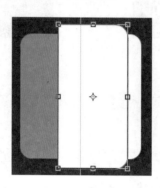 

图 8 - 52　翻转图案　　　　图 8 - 53　复制并放大　　　　图 8 - 54　轻移锚点位置

Step 10 单独选择左上角的锚点,按【↓】键轻移至适当位置,如图 8 - 55 所示。单独选择左下角的锚点,按【↑】键轻移至适当位置,如图 8 - 56 所示。

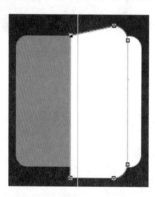 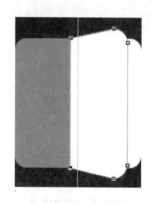

图 8 - 55　轻移左上角锚点位置　　　　　　图 8 - 56　轻移左下角锚点位置

Step 11 将"圆角矩形 1 副本 2"填充深蓝色(RGB:80、120、180),效果如图 8 - 57 所示。

Step 12 在"图层"面板中,选择"圆角矩形 1 副本",按【Ctrl + J】组合键,复制得到"圆角矩形 1 副本 3"。

Step 13 再次选择"圆角矩形 1 副本",在选项栏中设置"填充"为浅灰色(RGB:205、205、205)。按【Ctrl + T】组合键调出定界框,按住【Shift + Alt】组合键的同时,调整"圆角矩形 1 副本"的大小和位置,如图 8 - 58 所示。按【Enter】键确定自由变换。

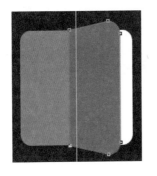

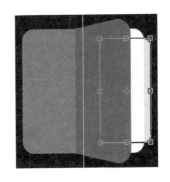

图 8 – 57　更改颜色　　　　　　　　图 8 – 58　调整大小和位置

3. 添加图层样式效果

Step 01 在"图层"面板中,同时选中"圆角矩形 1"和"圆角矩形 1 副本 2"图层,按【Ctrl + J】组合键,复制得到"圆角矩形 1 副本 4"和"矩形 1 副本 5"。

Step 02 按【Ctrl + T】组合键调出定界框,按住【Shift + Alt】组合键的同时,将其缩小至图 8 – 59 所示。按【Enter】键确定自由变换。按【Ctrl + G】组合键,将两个图层合并为组。

Step 03 更改左侧的"圆角矩形 1 副本 4"的"填充"为白色,更改右侧"圆角矩形 1 副本 5"的"填充"为浅灰色(RGB:205、205、205),如图 8 – 60 所示。

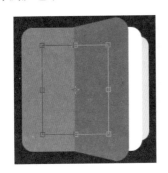

图 8 – 59　缩小图形　　　　　　　　图 8 – 60　更改颜色

Step 04 在"图层"面板中,选中"组 1",单击"图层"面板下方的"添加图层样式"按钮*fx*,在弹出的菜单中选择"投影"命令,在打开的对话框中设置参数,如图 8 – 61 所示。单击"确定"按钮,效果如图 8 – 62 所示。

Step 05 选择"矩形工具"　,绘制一个蓝色(RGB:100、145、220)矩形形状,如图 8 – 63 所示。

Step 06 选择"添加锚点工具"　,在蓝色矩形的上方路径中单击增加一个锚点,并向下移动,如图 8 – 64 所示。

Step 07 选择"转换点工具"　,单击锚点将其从"平滑点"转为"角点",如图 8 – 65 所示。

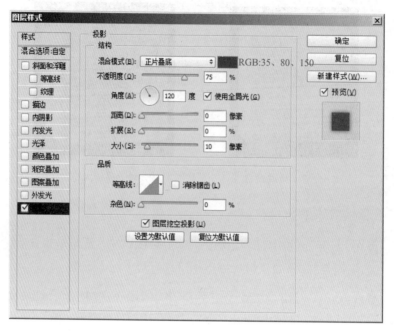

图 8-61　设置"投影"

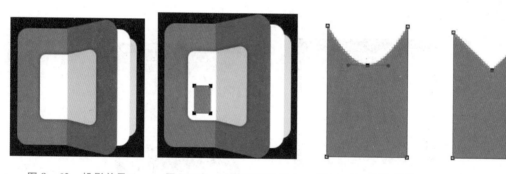

图 8-62　投影效果　　图 8-63　绘制矩形形状　　图 8-64　增加锚点　　图 8-65　转换点

Step 08　单击"图层"面板下方的"添加图层样式"按钮 *fx*，在弹出的菜单中选择"内阴影"命令，打开"图层样式"对话框，参数设置如图 8-66 所示。单击"确定"按钮，效果如图 8-67 所示。

Step 09　按【Ctrl + S】组合键，将文件保存在指定文件夹中。

知识点讲解

1. 认识图标

图标（ICON）是具有明确指代性含义的计算机图形，通过抽象化的视觉符号向用户传递某种信息。它具有高度浓缩并快速传达信息和便于记忆的特点，一般源自于生活中的各种图形标识，是计算机应用图形化的重要组成部分，在移动应用中，图标通常分为两种：第一种是应用型图标，第二种是功能型图标。

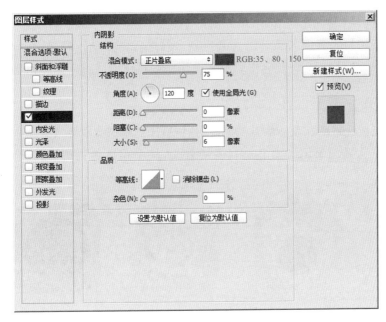

图 8 - 66　设置"内阴影"参数

图 8 - 67　内阴影效果

（1）应用型图标

应用型图标指的是在手机主屏幕上看到的图标,单击它可进入相应的应用中。应用型图标的表现形式有多种视觉图形,设计风格也可以有多种形式。应用型图标类似于品牌Logo,具有唯一性,如图 8 - 68 所示。

图 8 - 68　应用型图标

（2）功能型图标

功能型图标是存在于应用界面内的图标,是简单明了的图形,起表意功能和辅助文字的作用。而功能型图标类似于公共指示标志,具有通用性。它从外观形状上划分,通常分为线形图标、面形图标和扁平线形图标,如图 8 - 69 所示。

图 8 - 69　功能型图标的不同外观形状

2. 图标设计原则

图标设计原则是指进行设计时要遵守的必要准则。在进行图标设计时,设计原则可以帮助设计师快速进行设计定位。下面对应用型图标设计原则和功能型图标设计原则进行详细讲解。

(1)应用型图标设计原则

- 可识别性。可识别性是图标设计的首要原则,是指设计的图标能准确地表达出所代表的隐喻。能让用户第一眼识别出它所代表的含义,从中获得相关信息,如图 8 − 70 所示。

图 8 − 70　相机图标

- 差异性。在设计图标时,必须在突出产品核心功能的同时表现出差异性,避免同质化。力求给用户留下深刻的印象,如图 8 − 71 所示。

图 8 − 71　相册图标

(2)功能型图标的设计原则

- 表意准确。功能型图标设计的第一原则是表意准确,要让用户看到一个图标第一时间理解它所代表的含义。功能图标在应用界面起到指示、提醒、概括和表述的作用。

- 轮廓清晰。轮廓清晰是指形状边缘棱角分明,没有发虚的像素。在 Photoshop CS6 版本中,在"首选项"对话框中勾选"将矢量工具和像素网格对齐"复选框,在进行绘制时形状会自动对齐像素网格,不会形成发虚的像素。以及在绘制图标时尽量使用 45°角,这样的斜线是最清晰的,如图 8 − 72 和图 8 − 73 所示。

- 视差平衡。绘制图标并不是一味地严格遵守图标网格进行绘制,其实也要保持视差平衡。视差平衡是讲两个物体同样大的尺寸,但是其中的一个物体看起来明显要大于另一物体,此时需要将其中一物体进行缩小,在视觉上看起来平衡,如图 8 − 74 所示。

图 8 - 72　轮廓发虚和清晰对比

图 8 - 73　斜线清晰和发虚对比

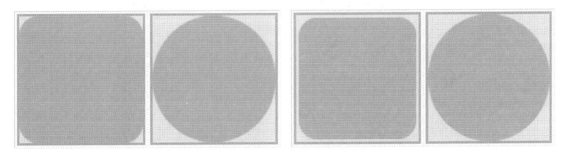

图 8 - 74　视差不平衡(左边)和视差平衡(右边)

- 一致性。一致性指的是造型规则、圆角尺寸、线框粗细、样式、细节特征等的统一,让图标的外观整体一致,如图 8 - 75 所示。

图 8-75　图标外观一致性

3. 图标设计流程

设计的过程是思维发散的过程,一般遵循固定的设计流程。在实际工作中,设计流程并不是绝对的。有的流程可能会被跳过或忽略,如调研与讨论;有的流程会反复停留,如修改与扩展。这里通过讲解图标设计的流程为读者提供一个关于设计流程的思路,为以后的设计工作奠定基础。

(1)定义主题

定义主题是指把要设计的图标所涉及的关键词罗列出来,重点词汇突出显示,确定这些图标是围绕一个什么样的主题展开设计的,对整体的设计有一个把控,如图 8-76 所示。

(2)寻找隐喻

“隐喻”是指真实世界与虚拟世界之间的映射关系;“寻找隐喻”是指通过关键词进行头脑风暴,在彼类事物的暗示之下感知、体验、想象此类事物的心理行为。如“休息”这个关键词,可以联想到的图形如图 8-77 所示。

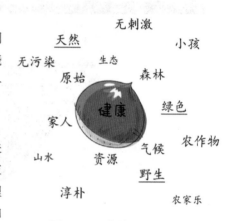

图 8-76　关键词罗列形式

图 8-77　关键词联想

从图 8-77 可以看出,通过“休息”这个关键词,联想到了沙发和床,因为它们都有休息的功能。每一个工作和学习的环境都不一样,导致对于某个词的隐喻理解也有所不同。例如,经常喝咖啡的人,认为工作忙碌,来一杯香醇的咖啡就是休息。

应用是为大多数人制作的,所以要挑选最能被大多数人接受的事物来抽象图形。除非你的应用是为某个群体设计的个性应用。

(3)抽象图形

抽象图形要求设计师将生活中的原素材进行归纳,提取素材的显著特点,明确设计的目的,这是创作图标的基础,如图 8-78 所示。

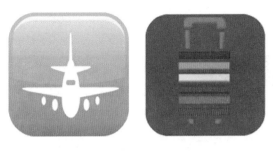

图 8 - 78 抽象化的图标

在图 8 - 78 中,"飞机"和"拉杆箱"都进行了抽象化处理,汲取各自最显著的特点,形成了最终的图标。需要注意的是,图形的抽象必须控制,图形太复杂或者太简单,识别度都会降低,如图 8 - 79 所示。

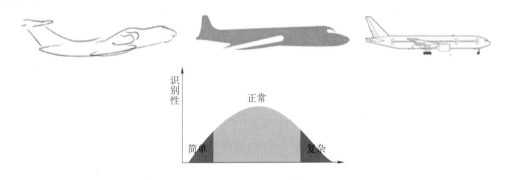

图 8 - 79 实物抽象化程度

通过图 8 - 79 可看出,当"飞机"过于写实,甚至接近照片时,就会显得非常复杂且太过具象。当"飞机"过于简单,甚至只能看到圆形轮廓时,由于太过抽象而看不出是什么。太过具象和太过抽象的图形识别性都非常低。

(4)绘制草图

经过对实物的抽象化对比和选择,便可以进行草图的绘制。在这个过程中,主设计师需要将实物转化成视觉形象,即最初的草图,如图 8 - 80 所示。草稿可能有很多方案,需要筛选出若干满意的方案继续后面的流程。

图 8 - 80 图标草图

(5)确定风格

在确定了图标的基准图形后,下一步就是确定标准色,可以根据图标的类型选择合适的颜色。当不知道使用什么颜色时,蓝色是最稳妥的选择。目前图标设计主流是扁平化风格,如图 8-81 所示。

图 8-81　扁平化图标

值得一提的是,在 UI 设计中,大部分扁平化图标以单色图形为主,从技法上来说,这降低了设计的难度。

(6)制作和调整

根据既定的风格,使用软件制作图标。在扁平化风格盛行的今天,单独的图形设计需要更多的设计考量,需要经过大量的推敲,设计调整,因此在图标的制作中,会修正一些草图中的不足,也可能增加一些新的设计灵感。

(7)场景测试

图标的应用环境有很多种,有的在 App Store 上使用,有的在手机上使用。手机的背景色也各不相同,有深色系的,也有浅色系的。我们要保证图标在各个场景下都有良好的识别性,因此在图标上线前,设计师需要在多种图标的应用场景中进行测试。

4. 图标的尺寸

在设计图标之前,首先要了解图标的尺寸,放在不同位置及不同设备上的图标有不同的尺寸要求。在实际生活中,通常会为 iOS 系统和 Android 系统的图标进行设计。

(1)iOS 系统

iOS 系统对于图标尺寸规范有着严格的要求,在不同分辨率屏幕中,图标的尺寸也会各不相同,具体如表 8-1 所示。

表 8-1　IOS 系统图标尺寸参数表

图标/机型	iPhone 4/4s	iPhone 5/5s/5c/SE/6/6s/7	iPhone 6 Plus/6s Plus/7 Plus
App	114×114	120×120	180×180
App Store	512×512	1024×1024	1024×1024
标签栏	50×50	50×50	75×75
导航栏/工具栏	44×44	44×44	66×66
设置/搜索	58×58	58×58	87×87

表 8-1 列举了不同类型的 iOS 设备中,各种图标的对应尺寸。其中各种图标的详细解释如下:

- App 图标:指的是应用图标。在设计时,可以直接设计为方形,通过 iOS 系统自带的功能切换为圆角,如图 8-82 所示。

图 8 - 82　App 图标

值得一提的是,在设计图标时可以根据需要做出圆角供展示使用,对应的圆角半径像素如表 8 - 2 所示。

表 8 - 2　iPhone 图标圆角参数

图标尺寸(像素)	圆角半径(像素)
114 × 114	20
120 × 120	22
180 × 180	34
512 × 512	90
1024 × 1024	180

- App Store 图标:是指应用商店中的应用图标,圆角样式一般与 App 图标保持一致。
- 标签栏导航图标:指底部标签栏上的图标。
- 导航栏图标:指分布导航栏上的功能图标。
- 工具栏图标:指底部工具栏上的功能图标。
- 设置/搜索图标:在设置界面中的左侧功能图标,如
  图 8 - 83 所示。

图 8 - 83　设置界面的图标

(2) Android 系统

而 Android 平台的差异较大,在设计图标时,不同像素密度的屏幕对应的图标尺寸也各不相同,具体如表 8 - 3 所示。

表 8 - 3　Android 图标尺寸规范(像素)

类　型	LDPI	MDPI	HDPI	XHDPI	XXHDPI	XXXHDPI
主屏幕尺寸	36 × 36	48 × 48	72 × 72	96 × 96	144 × 144	192 × 192
状态栏图标尺寸	24 × 24	32 × 32	48 × 48	64 × 64	96 × 96	128 × 128
通知图标尺寸	18 × 18	24 × 24	36 × 36	48 × 48	72 × 72	96 × 96

- 主菜单图标:主菜单图标是指用图形在设备主屏幕和主菜单窗口展示功能的一种应用
  方式,如图 8 - 84 所示。

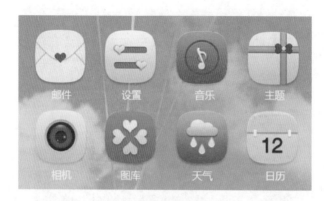

图 8-84　主菜单图标

● 状态栏操作图标:是指状态栏下拉界面上一些用于设置系统的图标,如图 8-85 所示。

图 8-85　状态栏操作图标

● 通知图标:是指应用程序产生通知时,显示在左侧或右侧,标示显示状态的图标,如
图 8-86 所示,红框标识即为通知图标。

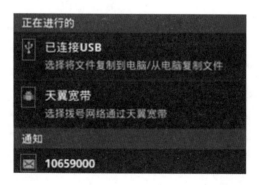

图 8-86　通知图标

注意:

Android 系统不同于 iOS 系统,并不提供统一的圆角切换功能,因此设计产出的系统图标
必须是带圆角的。

8.3　【案例 23】儿童摄影网站首页

网站首页是网站整体形象的浓缩,它直接决定了客户是继续深入访问还是直接跳出。

所以在进行网页设计时,不仅要把握好色彩与图片的关系,更要合理安排每一个栏目的内容版块。本案例将设计一款关于儿童摄影的网站首页,如图 8-87 所示。通过本案例的学习,可以认识网页 UI、网页结构、网页分类、网页设计基本原则等相关知识。

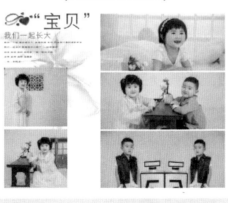

图 8-87　儿童摄影网站首页

实现步骤

1. 导航栏的制作

Step 01 按【Ctrl + N】组合键,打开"新建"对话框,参数设置。如图 8 – 88 所示。单击"确定"按钮,完成画布的创建。按【Ctrl + S】组合键将其保存到指定文件夹中。

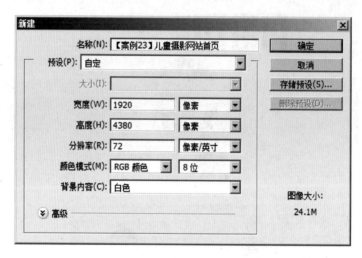

图 8 – 88 "新建"对话框

Step 02 依次按【Alt】→【V】→【E】键,分别在垂直方向的 360 像素、1560 像素处创建参考线。

Step 03 将素材图像"LOGO"(见图 8 – 89)拖入画布中,将其移动到画布左上方贴近参考线的位置。

图 8 – 89 LOGO

Step 04 选择"横排文字工具" ，在选项栏中设置字体为"微软雅黑",字体颜色为深灰色(RGB:53、53、53),在画布中输入文字,字号及位置如图 8 – 90 所示。

图 8 – 90 输入文字

Step 05 将素材图像"电话图标"(见图 8 – 91)拖入画布中,调整大小,按【Enter】键确定置入。

Step 06 选择"横排文字工具" ，设置字体为微软雅黑、字体颜色为橙色(RGB:255、168、0),在画布中输入文字信息并调整"24 小时服务热线"为灰色(RGB:98、98、98),效果如图 8 – 92 所示。

图 8 - 91 电话素材

图 8 - 92 服务热线信息文字

Step 07 选择"移动工具" ，调整服务热线文字的位置，效果如图 8 - 93 所示。

图 8 - 93 调整位置

2. Banner 的制作

Step 01 将素材图像"Banner"（图 8 - 94）拖入画布中，并将其移动到"导航栏"下方的位置，如图 8 - 95 所示。

图 8 - 94 置入 Banner

图 8 - 95 移动 Banner 的位置

Step 02 选择"椭圆工具" ，绘制出四个大小为 19 像素的正圆形,设置"填充颜色"为深蓝色(RGB:15、120、186)。在"图层"面板中,调整其中三个圆形形状的"不透明度"为 30%,效果如图 8 – 96 所示。

Step 03 选择"矩形工具" ,在选项栏中设置描边为无、填充颜色为灰色(RGB:124、124、124),绘制一个宽度为 64 像素、高度为 97 像素的矩形,并将该图层的"不透明度"调整为 30%,如图 8 – 97 所示。

Step 04 使用"矩形工具" ,绘制两个宽度为 2 像素、高度为 43 像素的矩形,设置填充为白色(RGB:255、255、255)、图层的"不透明度"为 30%。按【Ctrl + T】组合键调出定界框,调整角度,效果如图 8 – 98 所示。

图 8 – 96　绘制正圆形　　　　图 8 – 97　绘制灰色矩形　　　　图 8 – 98　左侧翻页按钮

Step 05 在"图层"面板中,选中 Step03 和 Step04 所绘制的三个矩形图层,按【Ctrl + G】组合键,编组并重命名为"上一页按钮"。

Step 06 按【Ctrl + J】组合键复制组,按【Ctrl + T】组合键调出定界框,右击定界框,选择"水平翻转"命令,并将图层组重命名为"下一页按钮"。将两个组分别移动到图 8 – 99 所示的位置,完成 Banner 部分的绘制。

图 8 – 99　Banner 部分

Step 07 选中"上一页按钮"图层组和"下一页按钮"图层组,按【Ctrl + G】组合键进行编组,并将其重命名为"箭头"。

3. 内容的制作

Step 01 选择"矩形工具" ⬜，在 Banner 部分的正下方位置绘制一个"宽度"为 1920 像素、"高度"为 1080 像素的矩形，设置"填充颜色"为灰色（RGB：243、243、243），并将图层重命名为"灰色背景"。

Step 02 选择"横排文字工具" 🇹，设置字体为"微软雅黑"、字号为 42 像素、字体颜色为玫红色（RGB：235、59、112）。在"灰色背景"图层的中间位置输入图 8 - 100 所示的内容。

作品展示 / Display of works

图 8 - 100　作品展示标题

Step 03 选择"自定义形状工具" 🧩，设置"自定义形状类型"如图 8 - 101 所示。单击"设置"按钮 ⚙，在弹出菜单中选择"全部"命令，如图 8 - 102 所示，在打开的对话框中单击"追加"按钮。

图 8 - 101　设置自定义形状类型 　　　　　　　　 图 8 - 102　选择"全部"命令

Step 04 设置"自定义形状类型"为图 8 - 103 所示，设置"前景色"为玫红色（RGB：235、59、112），在文字左右绘制形状，如图 8 - 104 所示。

⟫ 作品展示 / Display of works ⟪

图 8 - 103　设置自定义形状类型 　　　　　　　　 图 8 - 104　完成效果

Step 05 打开"照片 1"素材，如图 8 - 105 所示，执行"图像→调整→亮度/对比度"命令，在打开的对话框中设置参数，如图 8 - 106 所示。单击"确定"按钮，效果如图 8 - 107 所示。

图 8 - 105   照片 1

图 8 - 106   "亮度/对比度"对话框

图 8 - 107   调整亮度/对比度后的效果

Step 06 打开"照片 2"素材,如图 8 - 108 所示,执行"图像→调整→曝光度"命令,在打开的对话框中调节曝光度,如图 8 - 109 所示。单击"确定"按钮,效果如 8 - 110 所示。

图 8 - 108 照片 2

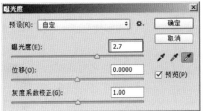

图 8 - 109 曝光度

图 8 - 110 调整曝光度后的效果

Step 07 打开"照片 3"素材,如图 8 - 111 所示,执行"图像→调整→色阶"命令,在打开的对话框中,设置"通道"为蓝,将中间的滑块向右滑动,如图 8 - 112 所示。单击"确定"按钮,效果如图 8 - 113 所示。

Step 08 选择"移动工具" ,将"照片 1"、"照片 2"和"照片 3"拖入"【案例 23】儿童摄影网站首页"画布中,调整大小,并将其移动到如图 8 - 114 所示位置,分别将三个素材图层重命名为"照片 1"、"照片 2"和"照片 3"。

图 8 - 111 照片 3

图 8 - 112 色阶

图 8 - 113 调整色阶后的效果

Step 09 为"照片 1""照片 2""照片 3"三个图层编组,选中图层组,单击"图层"面板下方的"添加图层样式"按钮 ,选择"描边"选项,设置参数如图 8 - 115 所示,单击"确定"按钮。

图 8 – 114　导入照片

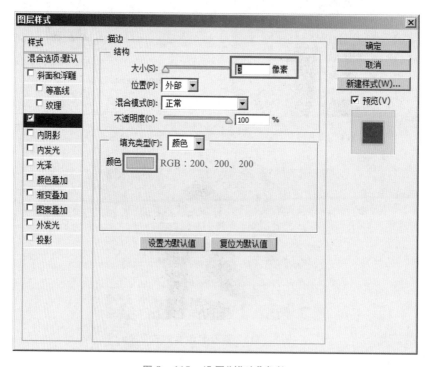

图 8 – 115　设置"描边"参数

Step 10　将素材图片"灰 LOGO""Y""L""文案图片"素材(见图 8 – 116 至图 8 – 119)拖入画布中,调整大小并将其移动到合适位置,如图 8 – 120 所示。

图 8 - 116　灰 LOGO

图 8 - 117　Y

8 - 118　L

ou are my

我爱我的宝贝，想你有快乐童年

ove theme

图 8 - 119　文案图片

❧ 作品展示 / Display of works ❧

图 8 - 120　部分效果展示

Step 11 选择"横排文字工具" T，设置字体为"微软雅黑"、字号为 42 像素、字体颜色为玫红色（RGB：235、59、112）。输入内容，并使用"自定义形状工具" 绘制形状，如图 8 - 121 所示。

❧ 艺术相册 / Art Album ❧

图 8 - 121　艺术相册标题

Step 12 将素材图片"背景"拖入画布中，将其移动到图 8 - 122 所示的位置。

✤ 艺术相册 / Art Album ✤

图 8-122　导入"背景"素材

Step 13 打开素材"照片 4",如图 8-123 所示,执行"图像→调整→曲线"命令(或按
【Ctrl + M】组合键),打开"曲线"对话框,设置"通道"为红,调整曲线的具体位置如图 8-124
所示。单击"确定"按钮,效果如图 8-125 所示。

图 8-123　照片 4

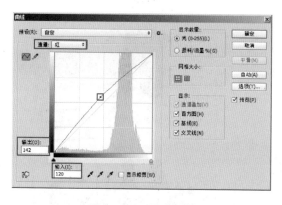

图 8-124　通道调色

图 8-125　调整通道后的效果

Step 14 将调整后的素材图片"照片 4"和素材图片"照片 5"至"照片 8"拖入画布中，调整大小，并分别移动到图 8 - 126 所示的位置。

图 8 - 126　导入照片

Step 15 选择"横排文字工具" T，设置字体为"微软雅黑"，将文本素材"文案 . txt"内容复制到文本框中，调整字号和位置，效果如图 8 - 127 所示。

Step 16 将素材图像"装饰物"（见图 8 - 128）拖入画布中，并移动到画布如图 8 - 129 所示的位置，完成"艺术相册"部分的制作。

图 8 - 127　输入文字信息　　　　　　　　图 8 - 128　装饰物

图 8 - 129　部分效果展示

4. 页尾的制作

Step 01　选择"矩形工具"，在底部居中位置绘制一个宽度为 1920 像素、高度为 192 像素的灰色(RGB:235、235、235)矩形。

Step 02　选择"横排文字工具"，设置字体为"微软雅黑"、字号为 22 像素，输入内容并调整位置，如图 8 - 130 所示，完成页脚的制作。

图 8 - 130　页脚的制作

Step 03　按【Ctrl + S】组合键，再次保存文件。

知识点讲解

1. 认识网页 UI

网页 UI 设计讲究的是排版布局和视觉效果，其目的是给用户提供一种布局合理、视觉效果突出、功能强大、使用便捷的界面。网页 UI 设计以互联网为载体,以互联网技术和数字交互技术为基础,依照客户的需求与消费者的需求,设计有关以商业宣传为目的的网页,同时遵循设计美感,实现商业目的与功能的统一。图 8-131 所示为某施工建材网站首页。

图 8-131　某施工建材网站首页

2. 网页结构

虽然网页的表现形式千变万化,但大部分网页的基本结构都是相同的,主要包含引导栏、header、导航、Banner、内容区域、版权信息这几个模块,如图 8-132 所示。

- 引导栏位于界面的顶部,通常用来放置客服电话、帮助中心、注册和登录等信息,高度一般在 35 ~ 50 像素之间。
- header 位于引导栏正下方,主要放置企业 Logo 等内容信息。高度一般为 80 ~ 100 像素。但是目前的流行趋势是将 header 和导航栏合并放置在一起,高度为 85 ~ 130 像素之间。
- 导航栏高度一般为内容字体的 2 倍或 2.5 倍,一般为 40 ~ 60 像素之间。
- Banner 高度通常为 300 ~ 500 像素之间。
- 内容区和版权信息高度不限,可根据内容信息进行调整。

3. 网页分类

根据网站的内容,网页可大致分类为首页、详情页和列表页三种类型。

页面宽度为1 920

引导栏	高度35～50	
企业标志　　　　header	高度80～100	高度85～130
导航栏	高度40～60	
Banner	高度300～500	
内容区		
版权信息		

版心宽度一般为1 000

图 8 – 132　网页结构分析

（1）首页

首页作为网站的门面，是给予用户第一印象的核心页面，也是品牌形象呈现的窗口。首页更直观地展示企业的产品和服务，首页设计需要贴近企业文化，有鲜明的特色。由于行业特性的差别，网站需要根据自身行业来选择适当的表现形式。图 8 – 133 所示为昵图网官网首页。

（2）详情页

大部分网站主要从公司介绍、产品、服务等方面进行宣传，而整体布局需要能够使用户操作更加方便、快捷，所以在布局上仅仅是内容区域的变化，其余保持不变。整个网站中，详情页作为二级页面要与首页的色彩风格一致，页面中同一元素也要与其他页面保持一致，图 8 – 134 所示为昵图网官网中的一个详情页。

（3）列表页

列表页主要用于展示产品和相关信息，图 8 – 135 所示为昵图网官网列表页。该页展示了比首页更多的产品信息，还可以对产品信息进行初步的筛选。列表页应该使用户快速了解该页面产品信息并能诱惑用户点击，设计时要注意在有限的页面空间中合理安排页面的文字，传达的信息量多一些，并使产品内容信息突出。

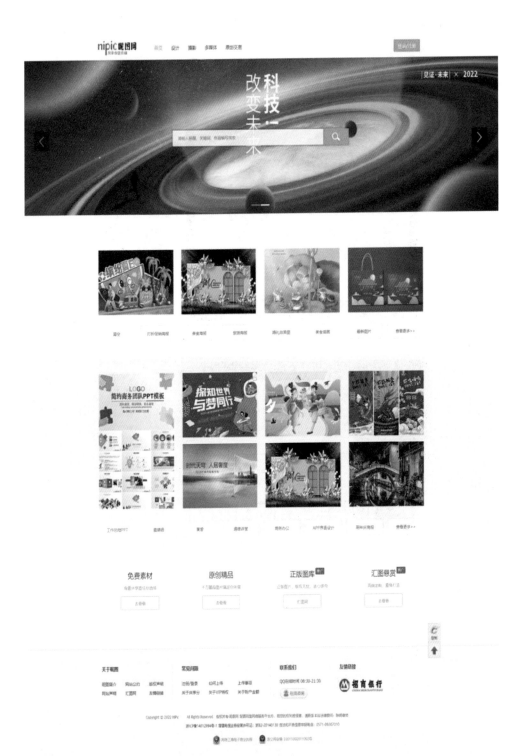

图 8 - 133　昵图网官网首页

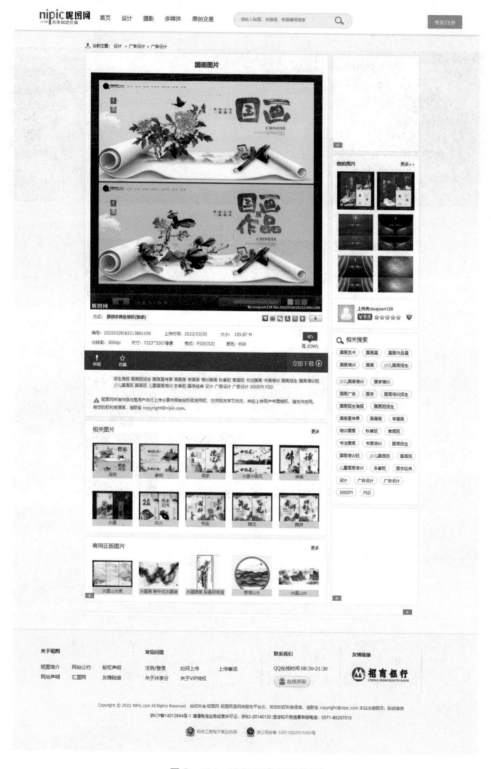

图 8 – 134 昵图网官网详情页

图 8-135　昵图网官网列表页

4. 网页设计基本原则

(1) 以用户为中心

以用户为中心的原则实际是要求设计师要站在用户的角度进行思考,主要体现在下面几点:

- 用户优先:网页 UI 设计的目的是吸引用户浏览使用,无论何时都应该以用户优先。用户需求什么,设计师设计什么。即使网页 UI 设计具有艺术设计美感,如果不是用户所需,也是失败的设计。
- 考虑用户带宽:设计网页时需要考虑用户的带宽。针对当前网络高度发达的时代,可以考虑在网页中添加动画、音频、视频等多媒体元素,借此塑造立体丰富的网页效果。

(2) 简约性

简约型通常体现在页面简约和层级清晰两方面。

- 页面简约:页面简约并不是简单,不是机械地删除或减少网站或页面组件或模块,而是页面中每一个小细节都应该被重视,能充分表达出页面所要传达的信息。
- 层级清晰:层级清晰通常是指减少页面跳转的层级,用户可以轻松地达到自己的目的,从而有效地提高用户的转化。如果一个网站中有很深的页面层级,那么用户可能就会漫无目的地游览,进而导致用户的流失。

(3) 空间性

空间性指的是页面中的适当留白。留白不是白色,而是指空白,这个空白是无额外元素、装饰的区域,如背景墙、天空等。留白可以使页面有充分的呼吸空间,并提供了布局上的平衡,进而突出主题及页面中所要表达的信息。如果在页面中填充了大量信息,则会给用户一种压迫感,从而使用户不会深入浏览。

(4) 主题明确

网页 UI 设计要表达出一定的意图和要求,有明确的主题,并按照视觉心理规律和形式将主题传达给用户,以使主题在适当的环境中被用户理解和接受,从而满足其需求。这就要求网页 UI 设计不仅要单纯、简练、清晰和精准,还需要在凸显艺术性的同时通过视觉冲击力来体现主题。图 8-136 所示为一家专门卖罐头的网站,设计都是围绕罐头为主题开展的。

(5) 内容与形式统一

任何设计都有一定的内容和形式。设计的内容是指主题、形象、题材等要素的总和,形式是指结构、风格设计等表现方式。一个优秀的设计是形式对内容的完美体现。网页界面设计所追求的形式美必须适合主题需要。图 8-137 所示为具有中国特色的臭豆腐,选用中国风的风格更能凸显臭豆腐的源远流长,风格将产品内在气息完美体现。

图 8 – 136　主题明确

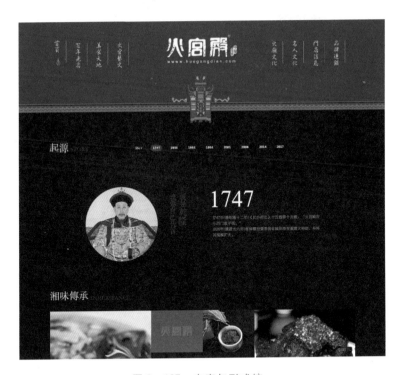

图 8 – 137　内容与形式统一

（6）整体性

网页 UI 设计的整体性包括内容和形式两方面。网页的内容主要是指 Logo、文字、图像
和动画等，形式是指整体版式和不同内容的布局方式。在设计网页时，强调页面各组成部分
的共性因素是形成整体性的常用方法。强调整体性更有利于用户进行全面了解，并给人整
体统一的美感。图 8 – 138 所示的网站，整体以小清新风格呈现。

图 8-138　整体性

动手实践

请运用 DM 相关知识制作图 8-139 所示的海报效果。

图 8-139 文字效果

扫描下方的二维码,可查看实现过程。

第 9 章

项目实战——
韩X店铺首页创意设计大赛

学习目标

◆ 了解比赛基本要求和流程。

◆ 掌握分析主题的技巧,完成比赛作品的设计。

店铺首页是网络商家的门面,也是买家对店铺第一印象的主要来源。设计精良的店铺首页可以引导买家进入店铺、提高店铺转化率。而设计粗糙的店铺首页则会影响店铺的品牌宣传和顾客的购物体验。在前面的章节中,学习了 Photoshop 的基本操作和设计应用,本章将运用所学知识,完成韩 X 店铺首页创意设计。

9.1 大赛公告

韩 X 是电商平台中较大的中高端化妆品品牌。多年来,韩×一步一个脚印,遵循企业多元、乐观、创新、冒险的企业精神,在生产实力、科研力量、渠道建设、品牌精髓等各个方面,均跻身行业第一梯队,成为国货自强的代表性品牌。本次设计大赛是为韩×店铺设计首页页面,具体参见以下公告:

1. 活动主题

爱美之心人皆有之,每个人都希望自己是舞台中央那颗闪耀的新星,备受瞩目。每个人都爱美,看美的人、美的景、美的物。每个人都追求美,要美的精致、美的高贵、美的从容。

在你心中,什么才是"美"?是夏日静谧的午后,还是雨后七色的彩虹。在这个充满激情活力的夏季,韩×开启了店铺首页创意设计大赛,让你的"美",体现在我们的页面中。

2. 活动原则

创作风格不限,形式不限,不管是搞怪手绘,还是炫酷涂鸦,只要你能传达出"美"的特点,你就是我们的"灵魂设计师"。关于本次活动有以下要求:

- 为韩×设计店铺首页,体现"美"的特点。
- 产品素材可以直接从网店获取,加工运用。
- 作品需要提供 PSD 格式源文件和 JPEG 效果图。

3. 活动时间

活动时间分为征集期、评审期、公式期三个阶段,具体如图 9-1 所示。

图 9-1　活动时间

- 征集期:2019 年 3 月 21 日 0 点~2019 年 4 月 18 日 24 点,征集期为作品提交时间,可登录×××网直接提交作品。
- 评审期:2019 年 4 月 19 日 0 点~2019 年 4 月 29 日 24 点,评审期将由国内知名的设计达人组成评审团队。
- 公示期:2019 年 4 月 30 日,公示期将在×××网站公开获奖设计师名单。

4. 参与方式

- 个人参赛。
- 以团队的形式参加,人数不能多于 3 人。

5. 评分原则

评分原则包括基础评分、模块评分、整体评分,具体如表 9-1 所示。

表 9-1　评分原则

基础评分	模块评分	整体评分
整体和谐度:10 分	店招:10 分	创意评分:15 分
色彩搭配与运用:10 分	导航条:10 分	整体风格吸引力:15 分
结构排版:10 分	全屏海报:10 分	
	自定义区域(宝贝展示区):10 分	

9.2　策划

　　策划是指动手设计之前的一系列分析和准备工作,通过策划能让设计师在进行设计时做到有的放矢,准确把握活动的主题和规则。

1. 分析活动主题

本次大赛的主题,就是一个"美"字,简单来说就是需要首页页面设计的既好看又有创意。然而美的形式有很多,清新是美,高贵是美、优雅是美,因此设计师可以选择某一种美的形式,体现在设计作品中。例如本书的参考案例,选取的是"高贵之美"作为设计作品的主题。

2. 了解设计要求

在进行设计之前,还需要准确把握设计要求。沽动要求做的是店铺的首页面。因此作为设计师一定要准确把握店铺首页面的尺寸、特点等设计要求。

(1)店铺首页布局及模块

一个完整的店铺首页包含很多模块,总体来说可以将其分为头部、中间和底部三块区域。其中头部主要包括店招(店招是店铺的招牌和象征,位于店铺页面的顶端,通常会放置LOGO、商品图片、收藏信息等)和导航。中间是自定义的内容区域,在此区域添加需要展示的商品或者优惠活动等。底部可以放置售后须知、无线端店铺二维码、收藏按钮、店铺活动等。图9-2所示为某店铺首页的基本布局模块,可以作为设计参考。需要注意的是,中间的部分属于自定义区域,设计者可以根据实际需要,添加相应模块。

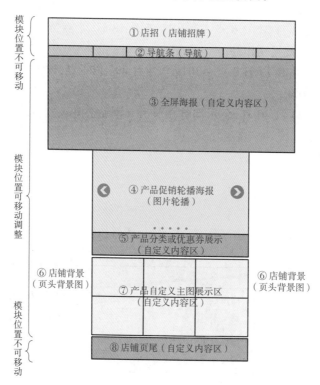

图9-2 店铺模块

(2)店铺首页尺寸要求

店铺首页的页面标准宽度为950像素,通栏(在网页中通栏是指能铺满整个显示界面的宽度)显示的宽度为1920像素。因此在设计时,可以将版心宽度设置为950像素,页面宽度设置为1920像素。

平台默认的标准店招宽高度为120像素,超出的高度将不会显示,宽度可以设置为与版心等宽或通栏显示。导航栏的高度为 30 像素,宽度同样可以设置为与版心等宽或通栏显示。

（3）字体设置要求

网页界面中,字体编排设计是一种感性的、直观的行为。设计师可根据字体、字号大小来表达设计所要表达的情感。需要注意的是使用什么样的字体、字号大小要以整个网页界面和用户的感受为准。由于大多数用户的计算机中只有基本的字体类型,因此页面内容最好采用常用字体,如"宋体""微软雅黑"等字体(特殊字体可以制作成图片),数字和字母可选择"Arial"等字体。表 9-2 列举了一些常用的字体、字号大小和样式,其中宋体在使用 12号、14 号、16 号字体时,字体样式要设置为无,才能在网页中清晰显示。

表 9-2　字体选择

字　体	字号大小	字体样式	具体应用
宋体	12 像素	无	用于正文中和菜单栏及版权信息栏中;加粗时,用于正文显示不全时出现"查看详情"上或登录/注册上
微软雅黑		其他	
宋体	14 像素	无	用于正文中和菜单栏及版权信息栏中;加粗时,用于栏目标题中或导航栏中
微软雅黑		其他	
宋体	16 像素	无	用于正文中和菜单栏及版权信息栏中;加粗时,用于导航栏中或栏目的标题中或详情页的标题中
微软雅黑		其他	

3. 策划设计作品

了解了活动主题和设计要求后,接下来就可以策划设计作品。设计作品可以从色彩和结构两方面进行策划。

（1）色彩

色彩不同的网页给人的感觉也会有很大差异,是网页设计中影响人眼视觉最重要的因素。网页的色彩处理得好,可以锦上添花,达到事半功倍的效果。因此,"高贵之美"的主题页面可以先从色彩着手。

在各类颜色中,紫色(见图 9-3)象征着高贵、优雅、奢华,在国人心目中一直是一种高贵的色彩,因此采用紫色作为主色调,最能体现页面的"高贵之美"。

图 9-3　紫色

（2）结构

设计作品的结构划分，可以参考淘宝中一些同类的网站，但要突出作品自身的特点。图 9 - 4 所示为设计作品的结构划分，为了便于读者观察分析，此处直接对效果图的模块进行切分。

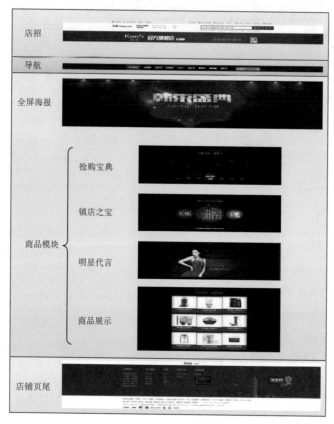

图 9 - 4 划分结构模块

在图 9 - 4 所示的页面结构中，将页面分为店招、导航、全屏海报、商品模块、店铺页尾五个部分，其中商品模块又被细分为抢购宝典、镇店之宝、明星代言、商品展示四个小模块。

9.3 设计

了解了店铺首页的设计要求后，接下来按照从上到下的顺序制作网页。本节将按照店招和导航、全屏海报、抢购宝典、镇店之宝、明星代言、商品展示、店铺页尾各个分模块完成设计步骤的演示。

9.3.1 模块一：制作店招和导航

9.3.1 模块一 制作店招和导航
扫码查看"模块一：制作店招和导航"的实现步骤

9.3.2　模块二：制作全屏海报

9.3.2　模块二　制作全屏海报
扫码查看"模块二：制作全屏海报"的实验步骤

9.3.3　模块三：制作商品模块——抢购宝典

9.3.3　模块三　制作商品模块——抢购宝典
扫码查看"模块三：制作商品模块——抢购宝典"的实验步骤

9.3.4　模块四：制作商品模块——镇店之宝

9.3.4　模块四　制作商品模块——镇店之宝
扫码查看"模块四：制作商品模块——镇店之宝"的实验步骤

9.3.5　模块五：制作商品模块——明星代言

9.3.5　模块五　制作商品模块——明星代言
扫码查看"模块五：制作商品模块——明星代言"的实验步骤

9.3.6　模块六：制作商品模块——商品展示

9.3.6　模块六　制作商品模块——商品展示
扫码查看"模块六：制作商品模块——商品展示"的实验步骤

9.3.7　模块七：制作店铺页尾

9.3.7　模块七　制作店铺页尾
扫码查看"模块七：制作店铺页尾"的实验步骤